天津美术学院教材科研立项项目（立项号：2018017）
高等院校艺术设计专业教材

PRODUCT DESIGN

产品设计草图和效果图
表现技法

主云龙　主峰　编著

PERFORMANCE
TECHNIQUES

中国纺织出版社有限公司

图书在版编目 (CIP) 数据

产品设计草图和效果图表现技法 / 主云龙，主峰编著. — 北京：中国纺织出版社有限公司，2021.4

高等院校艺术设计专业教材

ISBN 978 - 7 - 5180 - 8361 - 9

Ⅰ . ①产⋯ Ⅱ . ①主⋯ ②主⋯ Ⅲ . ①产品设计—高等学校—教材 Ⅳ . ①TB472

中国版本图书馆CIP数据核字（2021）第022845号

责任编辑：胡 姣　　　责任校对：王蕙莹
版式设计：茹玉霞　　　责任印制：王艳丽

中国纺织出版社有限公司出版发行
地址：北京市朝阳区百子湾东里A407号楼　邮政编码：100124
销售电话：010—67004422　传真：010—87155801
http://www.c-textilep.com
中国纺织出版社天猫旗舰店
官方微博http://weibo.com/2119887771
北京华联印刷有限公司印刷　各地新华书店经销
2021年4月第1版第1次印刷
开本：889×1194　1/16　印张：8
字数：131千字　定价：68.00元

凡购本书，如有缺页、倒页、脱页，由本社图书营销中心调换

前言

近几年来，在工业设计专业的教学中，设计创意阶段要求出草图设计稿时，总有部分学生只能提交电子版的设计方案，无法完成手绘设计稿。手绘设计草图画不成形，结构表达不清楚，线条缺乏设计语汇，使得设计创意阶段的课程无法按照正常的教学课时进行。并且大多数设计初学者拒绝速写训练，一切都用计算机制图解决。

的确在近几年里，因为计算机技术的发展和成熟，基于计算机平台的信息对于设计的内容和表达方式也产生了深远的影响。传统纸介质的效果图最终基本都要转化为数字的方式而便于跨时空地交流和合作。效果图的学习和应用都和计算机紧密相连，包括现在的手绘效果图很多最终都经过了计算机的处理。但是这并不能代表计算机制图就能取代手绘设计。

到底是掌握手绘表现技法重要还是学习使用计算机设计软件重要？我想，这个问题没有必要讨论。因为手绘表现技法和计算机设计软件两者都是设计的表现形式，是我们设计的一种工具，它们目的相同，都是为了进行某种视觉方式的传达，只是两者所采用的手段不同。从思维的角度来看，两者同为设计师展示的创造性思维，没有高低优劣之分。计算机的特点是设计精确、效率高、便于修改，还可以大量复制，操作十分便捷。但不足之处是在进行某些方面的设计时，难免呆板、冰冷，缺少生气，不利于进行更好的交流。而手绘设计，通常是作者设计思想初衷的体现，能及时捕捉作者内心瞬间的思想火花，并且能和作者的创意同步。在设计师创作、探索和实践过程中，手绘可以生动、形象地记录下作者的创作激情，并把激情注入作品之中。因此，手绘的特点是：能够比较直接地传达作者的设计理念，使作品生动、亲切，有一种回归自然的情感因素。手绘设计的作品有很多偶然性，这也正是手绘的魅力所在。

手绘表现技法作为工业设计专业的表现技法课程，是必修的一门专业基础课。在教育和设计实践过程中，应对初学者进行正确的设计观念的教育，使手绘设计和计算机设计二者形成互动、互补的正确关系，并使设计艺术手段更加丰富与完善。

在产品设计开发的过程中，无论是思维发散还是方案设计，都需要借助一定的方式将抽象的思维形象地表现出来。而效果图这种集直观、方便、经济、快捷等诸多优点为一体的方式一直以来都是设计表现的主要手法。效果图是工业设计中的一个重要环节，也是工业设计师必须掌握的技能，要求设计师具备丰富的空间构造能力和良好的审美素质。不仅要在二维的平面上塑造出三维的产品造型、色彩、质感、结构等要素，而且还要将产品的操作过程、功能特性及使用环境可信地表现出来，为评估、讨论、决策提供直观、形象的视觉依据。同时也是设计师用以征询反馈信息、调整设计方案的重要手段。

效果图作为一门系统的科学知识，有其一定的方法和规律。怎样清晰地找出其方法和规律，制订一套科学、有效合乎逻辑的训练方法，是学好一门知识的基础。当然，作为一门学科的知识又是在不断变换和创新的，学习的方式方法必须紧跟社会的发展和要求。

　　本书重点介绍表现性速写、概念性表现图、图解思考，力求将创造性设计思维与表现性技巧合二为一，并运用大量优秀的范图紧密结合教程加以解说，以循序渐进的训练方法为原则，突出应用性操作技能，简洁、实用。由于笔者时间仓促、水平有限，疏漏之处在所难免，恳请各位专家、同仁及广大读者批评赐教。

王云龙

2020年8月于天津美术学院

目录

第一章　概述

课程名称：概述。

授课时数：12课时。

教学目标：使学生了解产品设计效果图课程的相关背景知识，为后面课程的开展打下一定的理论基础。

教学内容：阐述产品设计效果图的基本概念；产品设计效果图表现技法、功能、作用、特点。

教学方法：课堂理论讲解；作品的观摩和分析；以单元课题进行实际创作并适时讲评。

工具、材料的准备：铅笔、钢笔、马克笔、速写纸、绘画纸等。

人类社会离不开交流和沟通，语言的产生大大促进了人类社会的发展和进步。但现今社会中，"语言"的定义已被广义化，不是只有说话被称为语言，文章的语言是文字，音乐的语言是曲谱，舞蹈的语言是肢体动作。虽然各种语言的方式不同，但其都有一个共同的特征：都是表达思想和情感的工具。同样，对于一个工业设计师而言，效果图也是其表达设计思维和情感的基本语言。

第一节　产品设计草图和效果图表现技法的概念

人类的创造来源于思考与表现。产品设计草图和效果图是从思维到图解、从抽象到具体的一个复杂的创造思维过程。在产品的整个设计过程中，能否将自己的设计思想清晰地表达出来并让受众接受，是设计师的必备技能，也是设计过程中的一个重要的环节。它承载了设计师的思想感情、主观感受、创造意识、目标追求和精神理念。

产品效果图是设计师对其设计的对象进行推敲、理解的过程，也是在综合、展开、评估和决定设计，最终完成设计方案的有效方式和手段。设计效果图是表达设计构思与创意的表现工具，是设计师不可缺少的基本功。

在效果图的画面上往往会出现文字注释、尺寸标定、颜色和材质的推敲、结构展示等信息。这种理解和推敲的过程是设计草图的主要功能。随着计算机辅助设计（CAD）系统逐渐成熟和三维软件功能的不断强大，不仅给设计者提供了更灵活的设计方式，而且还提供了强大的图像处理和渲染系统，使设计者能够充分发挥自己的想象力，丰富和扩展产品设计效果图的表现手段（图1-1～图1-4）。

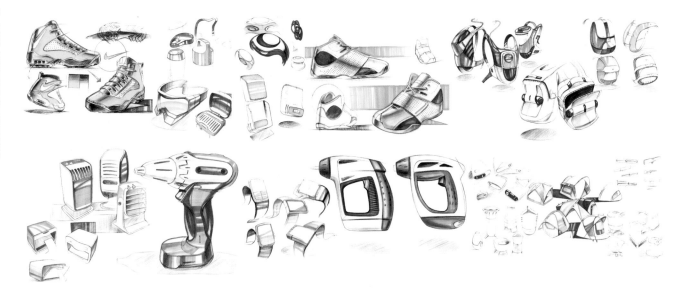

图1-1　用马克笔表现的产品设计效果图

图1-2　汽车设计效果图

图1-3　手机设计效果图

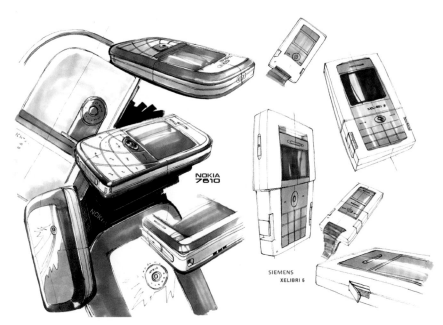

图1-4　手机设计效果图

第二节 效果图表现技法的功能、作用和特点

在整个产品的开发和设计过程中，效果图部分处于整个阶段的前端，包含最初的思维发散、结构、形体、材质颜色等的推敲和最终表现的过程。

效果图的表现技法在整个工业设计学科体系中占有重要的位置。作为基础训练科目，其目的是使学生具备全面的素质，即敏捷的思维能力，快速的表达能力，丰富的立体想象能力等。同时，训练还要求学生不但注重各种技法的练习，更重要的是通过训练培养分析、理解和创造的能力，从而不断积累经验。只有这样，将来才能成为一名合格的设计师。

一、快速表达构想

设计的灵感往往稍纵即逝。当有好的创意和发现时，设计师要快速把它们合理、准确地表现出来。

特别是现代社会经济和生活发展的节奏越来越快，必须不断开发新的产品来满足消费者不断变化的需求。这就要求缩短产品开发周期，因此设计师需要有较高的工作效率。在保证设计质量的前提下，绘图速度往往是决定工作效率的关键（图1-5～图1-10）。

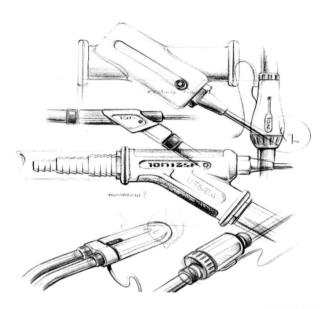

图1-5 电钻设计草图

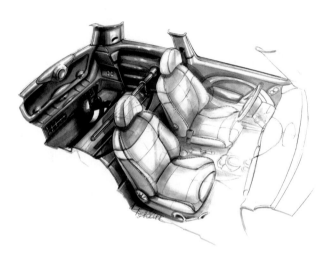

图1-6 汽车内饰设计草图

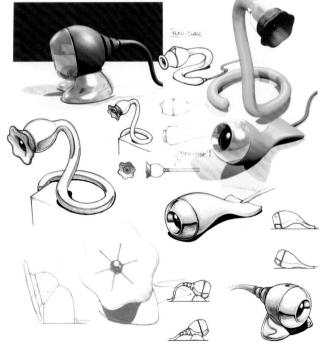

图1-7 灯具设计草图

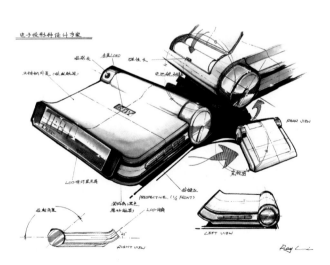

图1-8 电子投影钟设计草图 设计师：Ray

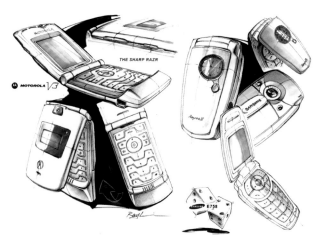

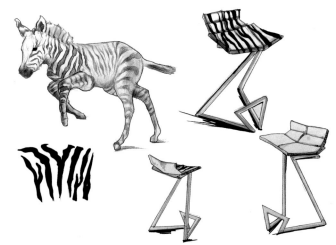

图1-9　折叠式手机设计效果图　　　　　　　　　　图1-10　仿生家具设计效果图

二、传达真实效果

图形学家的实践告诉我们，最简单的图形比只用文字表述更富有直观的说明性。设计者要表达设计意图，可以通过表现图、透视图、草图等来达到说明的目的。尤其是色彩表现图，可以更充分地表达产品的形态、结构、色彩、质感、量感等，还能表现无形的韵律、形态性格、美感等抽象的内容。所以，效果图具有高度的说明性。

效果图通过对造型、色彩、质感的表现和艺术化手法的运用达到展现产品真实的效果目的。效果图最重要的意义在于传达正确的信息，让人们了解新产品的各种特性和在一定环境下产生的效果，使各种人员都能看懂并理解。所以透视图在设计领域里"准确"很重要，它应具有真实性，能够客观地传达设计者的创意，忠实地表现设计的完整造型、结构、色彩、工艺精度，从视觉的感受上，建立设计者与观者之间的媒介。所以，没有正确的表达就无法正确地沟通和判断。

设计效果图虽不是纯艺术品，但必须有一定的艺术魅力，便于同行和生产部门理解其意图。它融艺术与技术为一体，是造型、色彩、质感、比例、大小、光影的综合表现。设计师想要实现构想，使其被接受，所设计的作品还须有说服力。同样，在效果图表现的内容相同的条件下，具有美感的作品往往更胜一筹。设计师想要说服不同意见的人，利用美观的效果图就能轻而易举达成协议。具有美感的效果图干净、简洁、悦目、切题，除了这些还代表设计师的工作态度、品质与自信。成功的设计师都不能疏忽作品美感的表现。美感是人类共同的语言，设计的作品如不具备美感，就好像红花缺少绿叶一样，会黯然失色（图1-11～图1-19）。

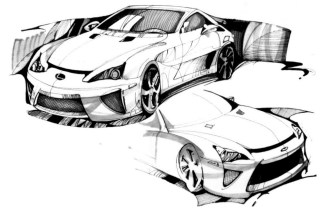

图1-11　小汽车设计效果图

图1-12　老爷车设计效果图

图1-13 汽车及时尚类产品设计效果图

图1-14 多种形式设计效果图

图1-15 手机设计效果图

图1-16 摩托车设计效果图 Glipin设计

图1-17　运动鞋设计效果图

图1-18　家具设计效果图

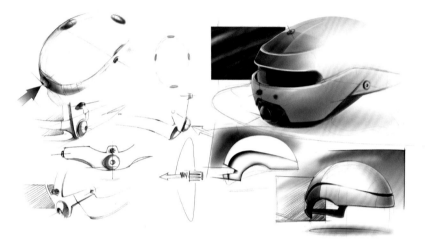

图1-19　头盔设计效果图　Auberden Wollte设计

三、延伸、推敲、完善构想

　　产品设计是创造性的过程活动。设计师的灵感和朦胧的设计构想在效果图的绘制过程中，经过不断地修改、推敲、完善，逐步趋向成熟，并且通过对于大脑想象的不确定图形的延展，引导设计师探求、发展、完善新的形态和机能，从而获得具有新意的设计构思，以及强化思维的跳跃、关联和延展性的训练（图1-20～图1-25）。

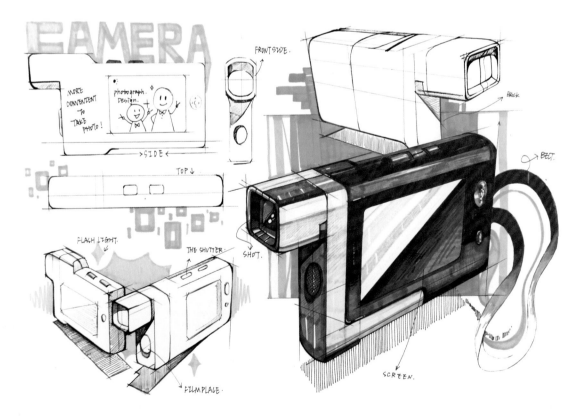

图1-20　电子产品设计效果图　李柏媛

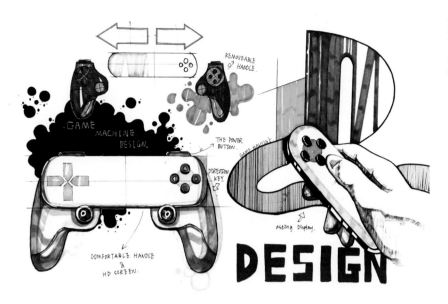

图1-21 电子产品设计效果图 李柏媛

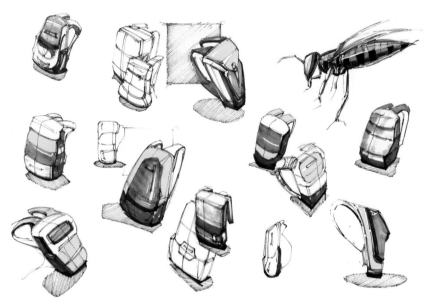

图1-22 背包设计效果图

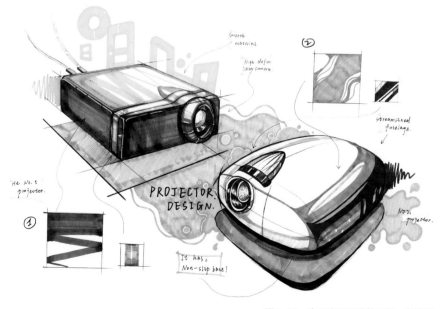

图1-23 电子产品设计效果图 李柏媛

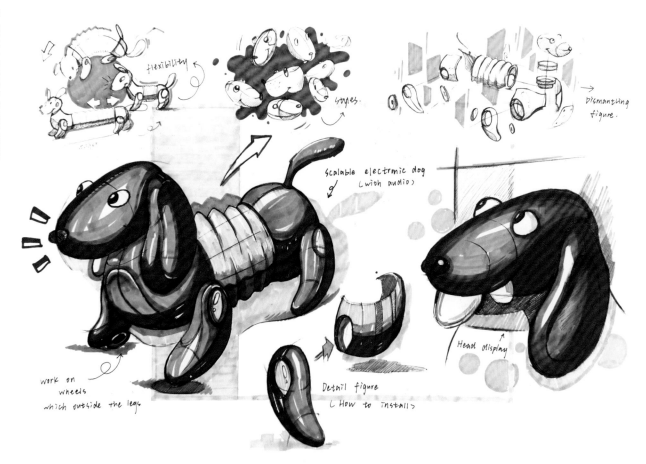

图1-24 仿生电子产品设计效果图 李柏媛

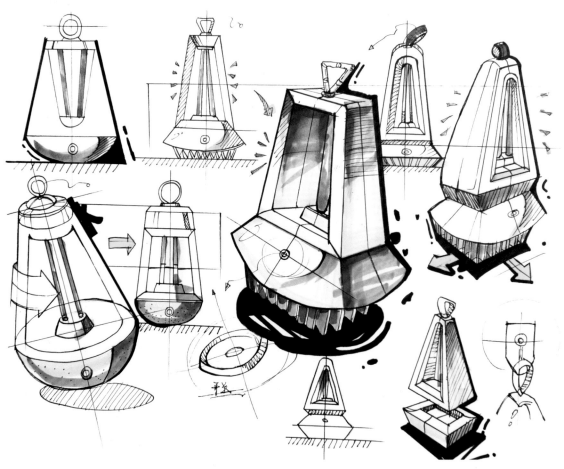

图1-25 电子产品设计效果图 赵昕颖

第三节　如何学习

图1-26　吹风机效果图临摹

世界上，任何事物都是在量变的基础上产生质的突变。当我们看到那些充满灵性的、洒脱的效果图，并羡慕不已的同时，我们应该知道这种洒脱背后潜藏的艰辛。成功来源于高强度地训练和不断地思考。一个成熟的设计师不会一心只想着如何把效果图画得漂亮，而是要综合考虑设计的发展方向和结果，把娴熟的表现技巧自然地融入整个设计过程之中。但对于初学者而言，应该把表现技法看作相对独立的教程，尽可能多地实践表现技法的各种细节和方式，这样才能在后面的设计工作中熟练地运用。因此，即使是很有创造能力的设计师，也需要从长期的表现技法训练中受益（图1-26～图1-28）。

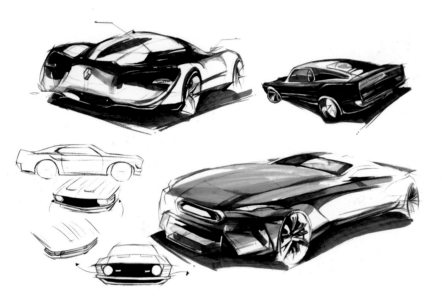

图1-27　小汽车设计方案效果图临摹

一、临摹

临摹别人的作品是最直接和有效地学习别人的经验、观察及表现的一种方法。临摹不是一味地照抄而是要明确自己的学习目的和方向。临摹可以整体地去临摹，也可以局部地去临摹，着重形体、空间、材质表现等技法上的学习。如练习形体塑造的时候，最好将临摹品和真实物体对照，观察、分析别人是如何把握和处理形体的大块面及细节上的变化，哪些可以忽略，哪些需要深入刻画。初次接触手绘，最好重点进行线条方面的训练，这对准确把握形体很有帮助（图1-29～图1-31）。

图1-28　设计方案效果图临摹　孟欣

图1-29 汽车效果图临摹

图1-30 Mini-Cooper内饰设计效果图

图1-31 汽车效果图临摹 王亦凡

二、写生

写生是检验个人所学美术知识的基本实践方法，多加实践可以为自己的绘画技术打下坚实的基础。在实践过程中要注意：下笔之前，要对所画的对象感兴趣，这样才能全心投入地去观察、分析所画对象的形体关系，准确地描绘形体结构。画图时要注意整体关系上的把握，如明暗、主次等关系，不要被细节所左右。特别是要求快速表现的时候，表现形式不要太过于拘谨（图1-32～图1-35）。

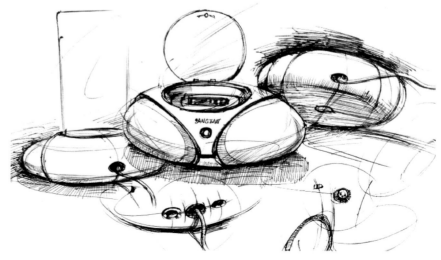

图1-32 产品写生

图1-33 产品写生

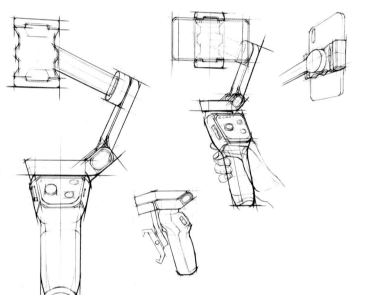

图1-34 产品写生

图1-35 产品写生 王亦凡

三、默写

默写可以增强个人记忆和对物体形体结构的理解，是一种很有必要的训练方法。平时多画、多练、多记物体的表现方法，这对用手绘跟客户现场沟通是很有帮助的（图1-36～图1-47）。

图1-36 产品形态快速表现

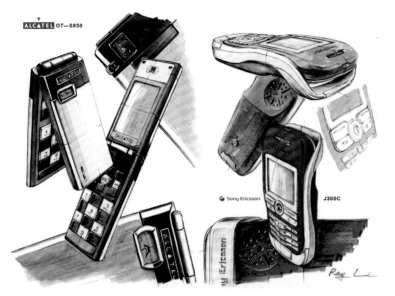

图1-37　移动电子产品设计

图1-38　默写和创作

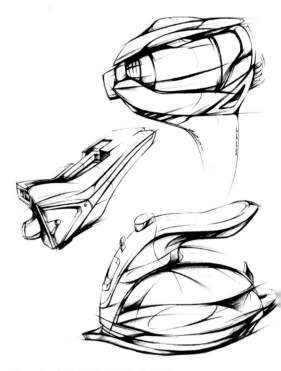

图1-40　家用电子产品设计　石张胤

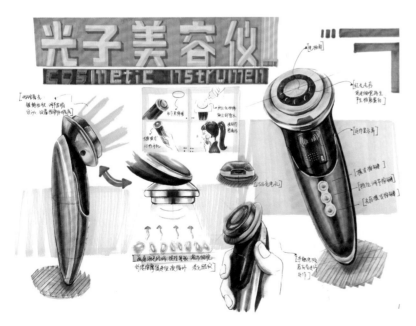

图1-39　电子产品方案效果图　孟欣

图1-41　家具设计

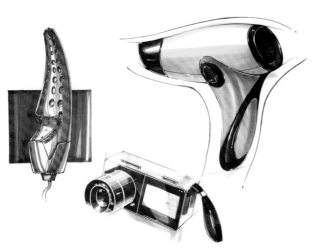

图1-42 家用电子产品设计

图1-43 汽车设计 ZIPPOR设计

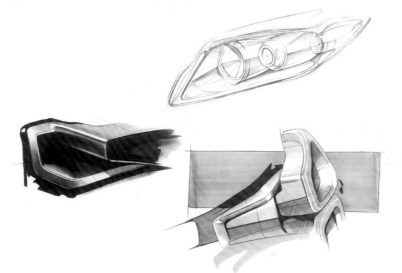

图1-44 产品局部效果图

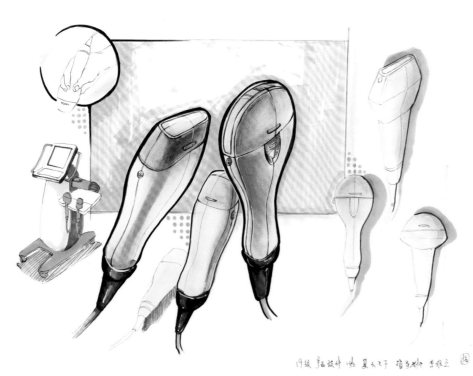

图1-45 家用电子产品设计 夏天圣子

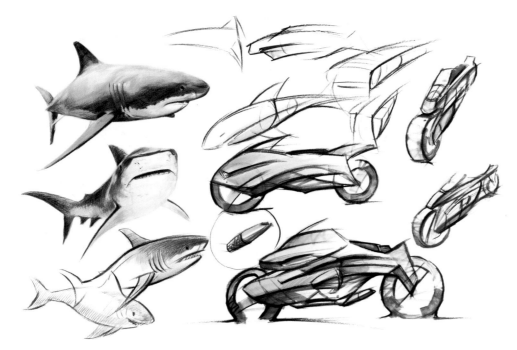

图1-46 仿生设计效果图

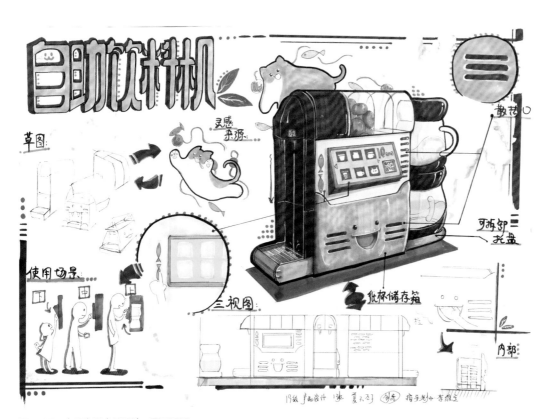

图1-47 家用电子产品设计 夏天圣子

本章要点:

(1)了解效果图的概念,认识效果图在产品设计过程中的功能与作用。

(2)宏观把握产品设计效果图的学习方法。

本章作业与要求:

(1)搜集相关资料,了解产品设计效果图的相关知识,制订一份学习计划。

(2)临摹草图 20 幅。

(3)产品写生 20 幅。

(4)临摹精细效果图 1 幅。

第二章 产品设计效果图表现技法基础训练

课程名称：产品设计效果图表现技法基础训练。

授课时数：60课时。

教学目标：产品设计表现技法的训练必须循序渐进，在平面的二维空间塑造出可信的三维形体，掌握透视、结构、色彩、质感和光影等相关的基础知识。

教学内容：透视基本法则；结构和形体的关系；设计草图的表现；色彩、质感和光影等的概念和表现技法。

教学方法：课堂理论和技法讲解；作品的赏析、比较；以单元课题进行训练并集中讲评作业。

工具、材料的准备：铅笔、钢笔、速写纸、直尺等。

对产品设计表现技法的训练必须掌握其相关规律，遵循循序渐进的方法，逐步找到最适合自己的表现方式。

产品设计效果图的表现技法很多，每种技法都有自己的特点。可根据手头已有的工具，配合特点选择表现方法。水彩简洁明快，水粉饱和浑厚，记号笔鲜艳潇洒，喷笔细腻丰富。这些画法各有所长，通常也可以组合在一起应用。可先掌握一种画法（如马克笔表现技法），在此基础上，其他的画法也就容易掌握了。虽然各种技法运用的材料和工具性能各有所长，但其基本原理和法则都是相同的。

第一节 透视、空间和构图

一、透视的基础知识

（一）透视现象

我们的视觉经验通常是近大远小。例如，一片树叶与树木相比小得微不足道，在远处几乎观察不到，但将其拿到手中，逐渐向眼前移动，它的视觉形象就会越来越大，最后能遮住远处的大树，甚至整片蓝天，达到一叶障目的效果。又如等距离线段近长远短；平行的铁轨越远越窄、似乎相交在远方一点。再如远处的天水交合在水平线上。根据这些视觉经验，可通过很小的窗户看到外面的景物，如高大的楼房、山峰、树木、人群等。这些就是透视现象。要把这些透视现象准确地画在图上，就需掌握透视图的画法。透视图是用平面二维表现立体三维的绘图方法，需在图纸上表现出所观察到的外界景观。

（二）透视图的基本原理

人们透过一个面来视物，观看者的视线与该面相交所成的图形，称为透视图。透视图是一种运用点和线来表达物体造型直观形象的轮廓图，也称为"线透视"。透视图实际上也相当于以人的眼睛为投影中心时的中心投影，所以也称为透视投影。透视图和透视投影常简称为透视。

（三）透视图的作用

透视图是将设计概念转变成准确、直观的三维立体图像预显出来，供有关人员研究；同时设计师可根据这样直观的图像来审视设计方案的优劣，作为调整和修改设计的依据之一。

（四）透视图的专业术语

画面（PP）：假设为一透明平面。

地面（GP）：建筑物所在的地平面，为水平面。

地平线（GL）：地面和画面的交线。

视点（E）：人眼所在的点。

视平面（HP）：人眼高度所在的水平面。

视平线（HL）：视平面和画面的交线。

视高（H）：视点到地面的距离。

视距（D）：视点到画面的垂直距离。

视中心点（CV）：过视点做画面的垂线，该垂线和画面的交点。

视线（SL）：视点和物体上各点的连线（图2–1）。

余点：与画面成任意角度的水平线的灭点。与画面所成角度大于60°的水平线灭点在视圈内，小于60°的水平线灭点在视圈外（图2–2）。

二、常用的几种透视图的画法

（一）透视图的种类

透视图的种类与制图的方法有很多，适用于产品设计效果图的通常有三种不同的透视形式，即一点透视、两点透视和三点透视（图2–3～图2–5）。

1.一点透视图（平行透视）

物体的一个面与画面平行时，只有一个灭点。由于这种透视图表现的物体有一平面平行于画面，故称为"平行透视"（图2–6）。

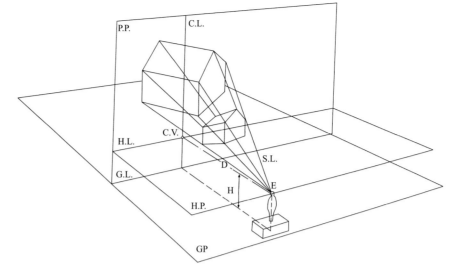

图2-1　透视形成示意图

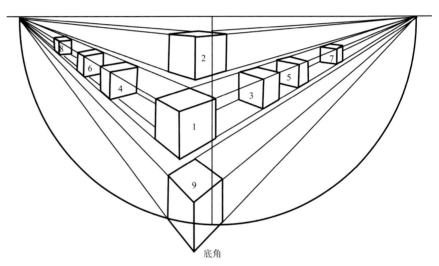

图2-2　余点示意图

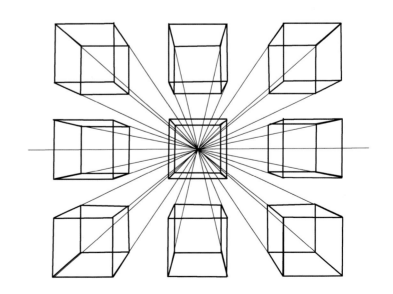

图2-3　一点透视规则

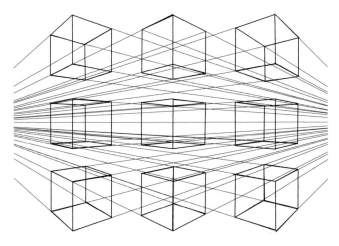

图2-4 二点透视规则

图2-5 三点透视规则

2.两点透视图（成角透视）

物体与画面成任何角度时，其一棱平行于画面，高度不变，两边则各消失于两边的灭点上。两点透视能较全面地反映物体的几个面的情况，且可根据图和表现物体的特征自由地选择角度，透视图形的立体感强、失真小，故在效果图中较为常用（图2-7）。

3.三点透视图（倾斜透视图）

物体没有一边平行于画面，其三个方向均对画面形成一定角度，也分别消失于三个灭点。三点透视通常呈俯视或仰视状态。常用于加强透视纵深感，表现高大物体。由于三点透视图制图较复杂，故在产品效果图中应用较少。

（二）透视图的画法

1.平行透视法

画水平线，设左右灭点VPL和VPR，并取中心为视心CV，从CV向下做垂线，设近接点N（灭点也称之为"消失点"，英文简称为VP；视心是视觉中心的简称，视觉为V，中心为C）。

过N点做水平线，量取AB为正方形实长，做AE和FB线为所求正方形的原形，尺寸不变。

各点与视心CV连接，A与VPR或B与VPL连接可得交点D或C，从而做出深度透视（图2-8）。

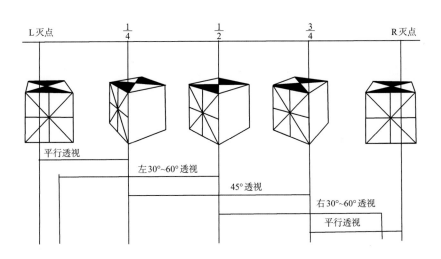

图2-6 一点透视图（平行透视）

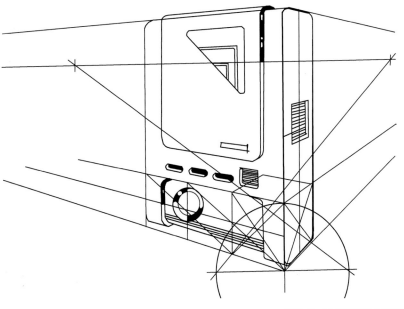

图2-7 两点透视图（成角透视）

2. 45°透视法

在画面上方画水平线（视平线H），左右两端设灭点VPL、VPR，取中点为视心CV。

从CV往下做垂线，在适当位置设正方形的近接点N（注意夹角大于90°）。由N向VPL、VPR做连线。

在线N—VPL与线N—VPR相同距离的位置上设置点A、B，并过点A与VPR连接，过点B与VPL连接，获得交点C。

在视中心线N—CV上任取一点E，由E向VPL、VPR做连线。过A、B两点向上作垂线与E—VPL、E—VPR相交获得点D、F。

由D、F点向VPR、VPL做连线，获得交点G，即完成立方体可见轮廓的透视图（图2-9）。

3. 30°～60°透视画法

在画面上方画水平线（视平线H），并在两端设左右灭点VPL和VPR，取1/4处为视心CV。

从CV往下引垂线，设近接点N（注意使夹角大于90度）。

过N点做水平线，做60°、30°倾斜线后，在其上量取正方形实长NA、NB。过A、B两点与VPR、VPL做连线，获得交点C。从A、B分别往上做垂线交于D、F。

在视中心线N—CV上取任意一点E，连接正方体实长DE、FE。

过D、F两点与VPR、VPL做连线，获得交点G，即完成立方体可见轮廓的透视图（图2-10）。

三、空间和构图

空间，是实在的，也是虚幻的；是具体的，也是抽象的。效果图的空间概念是在二维的平面介质上表达有纵深感的立体效果。中国古画中就如何丰富画面效果前人已做过精辟论述，即所谓"欲作结密，先以疏落点缀（笔顺的疏密安排）；欲作平远，先以峭拔陡绝（笔法的对比与丰富）；欲作虚灭，先以显实爽直（形态与空间的虚实关系）"，它们深刻地道出了空间关系的艺术效果与章法布局的关系（图2-11）。

对空间的表现不仅可以通过透视完成，还可以通过以明暗、浓淡、虚实来表现空间关系，例如以线条的粗细对比、前后穿插以及色彩的冷暖关系等视觉感觉来实现（图2-12）。

构图是任何平面表达形式都不可缺少的最初表现阶段，工业设计表现图当然也不例外，所谓的构图就是把众多的造型要素在画面上有

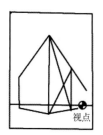
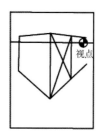
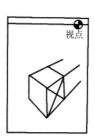

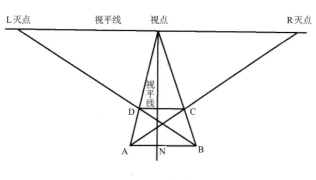

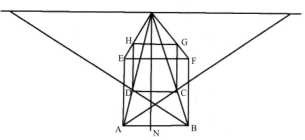

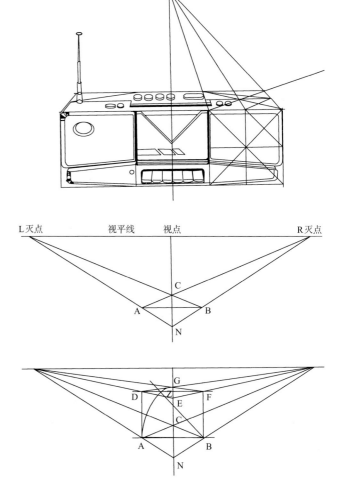

图2-8　平行透视法　　　　　　　　　　　　　图2-9　45°透视法

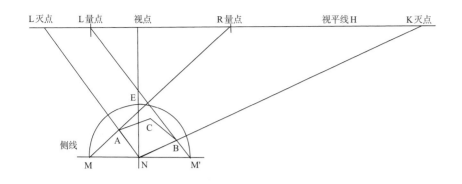

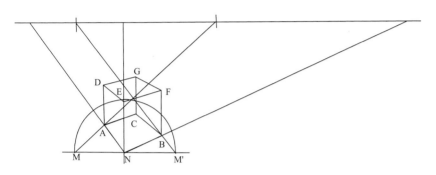

图2-10　30°～60°透视画法

机地结合起来，并按照设计所需要的主题，合理地安排在画面中适当的位置上，形成既对立又统一的画面，以达到视觉上的平衡

　　构图也称布局。一幅画的布局，是一个设计的过程。画面内的每个角落、每个单位、每块色彩和形体等因素都应让其围绕主题发挥存在价值。中国古代绘画理论家南齐谢赫在他的《古画品录》"六法"论述中，就有"经营位置"一项，用今天的说法就是构图。好的绘画表现或设计表现的构图是观者视觉及思想的理想导游。人们对作品的内容的深刻理解，除了内容与技法之外，往往取决于对所要表现的媒介选择、形象的组织及整个空间特定的结构。通过实践，我们得知设计表现在构图的灵活性上是受到来自设计作品本身的限定的。设计表现构图，正是在这特定原则的基础上，在有限的平面内，通过一定的画面结构，

图2-11　中国画中空间的表现形式　主云龙

图2-12　风景画中的空间表现

图2-13　形态构图

把设计形象展示给观者，从而取得对设计形象的解读，有助于设计语言的充分表达、交流和研讨。

（一）形态构图

所谓形态构图，就是指表现绘画中，在限定的二维平面内，通过设计方案所限定的形状、结构，进行一番分析、归纳，选择具有代表性的形态倾向特征，作为设计表现构图发展的理性原则（图2-13）。

（二）面积构图

面积构图是指设计表现构图中的一种方法。在实际运用中，主要是凭感觉来决定面积的大小、比例形状和相互之间的关系，寻找出一定的突出主题的秩序构图，增强作品的表现力。

一幅画面中，主要有以下五种面积关系：

（1）主体物同附属物之间的面积关系。

（2）主体物同背景之间的面积关系。

（3）主体物同地面之间的面积关系。

（4）质感、体量、肌理、光影之间的面积关系。

（5）色彩的面积关系。

一般在一幅画幅中，这些关系是相互作用的，也是设计作品在表现中艺术因素较多的，需要表现者认真地去分析、研究、计划和调控。应处理好黑、白、灰三大明度关系，才不至于使表现内容出现层次不清、呆板、毫无生气等视觉现象（图2-14）。

（三）视点构图

选择合适的视点与角度，是设计表现构图中一种十分有用的制图方法（图2-15）。主要有以下四种方法：

（1）物体同视平面形成的角度（视点的水平横向运动观察）。

（2）物体同视点的远近（视点的平行纵深运动观察）。

（3）物体同视点的高低（视点的上下立体运动观察）。

（4）物体正面同视平面平行。

（四）统筹构图

统筹意为"全息因素"的"设计"过程。这里的全息因素应该是指一切视觉造型语言，甚至包括表现作品完成之后的裁方等（图2-16）。

（五）轴测构图

轴测构图是区别于一般透视规律的、表现物体具有三度空间感的轴测投影画法。轴测构图一般可分

图2-14　面积构图

图2-15　视点构图

图2-16 统筹构图

图2-18 单个物体在画面中的构图

图2-17 产品轴测构图表现

为平面轴测和等轴测两种主要表现方法。因为它便于构图与作画，画面又能给人以空间感，所以，目前它已成为设计师较为普遍使用的方法之一。

总之，设计表现常用的构图原则，对于某一幅设计表现作品来说，它不应是某一种方式的独立存在，而是众多构图因素的综合（图2-17～图2-24）。

图2-19 多件物体构图的产品摄影空间表现

图2-20 主次关系构图

图2-21 主次关系构图

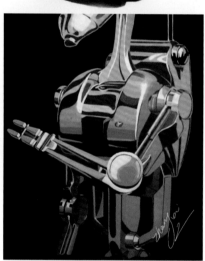

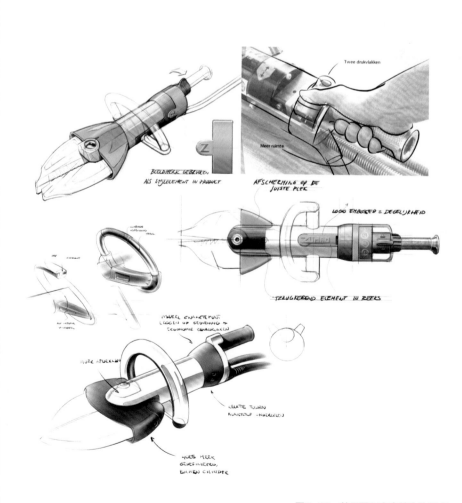

图2-22 效果图和文字结合的版式　　　　图2-23 交通工具设计效果图

图2-24　设计构思效果图

本节要点:

　　所有的三维艺术形式都会涉及透视、空间和构图这几个基本的因素,必须在开始的训练阶段就培养透视、空间和构图概念的意识,了解透视和空间的概念,掌握透视的基本原理和规律,特别是圆和椭圆的透视变化规律。

本节作业与要求:

(1)几何形体组合的透视图5幅。

(2)两点透视图2幅、产品透视写生2幅。

(3)速写20幅。

设计构思是通过画面形象来体现的。而产品在画面上的位置、大小、比例、方向的表现是建立在科学的透视规律基础上的。违背透视规律的形体与人的视觉平衡格格不入，画面就会失真，也就失去了美感。因而，必须掌握透视规律，并应用其法则处理好各种形象，使画面的形体结构准确、真实、严谨和稳定。

除了对透视法则的熟知与运用之外，还必须学会用结构分析的方法来对待每个形体内在构成关系和各个形体之间的空间联系，而学习对形体结构分析的方法要依赖结构素描的训练。

实践证明，结构素描作为工业设计基础教学的一门基础课已被广泛认同和采用。

结构素描是指用素描的方式描绘事物的形态和结构。研究形体在空间中的连接、穿插、过渡、起伏等结构规律。通过对内在的结构与外部形体的理解，培养对形体结构的观察、认识、理解，最终达到创造、表现形态的能力。

一、训练的要领

在结构素描的训练中，理解是练习的关键所在。只有认真、细致科学地观察、分析和总结，才能正确理解内在结构和外在形体的统一因素，才能真实、准确地表现对象。所以在结构素描的训练中不仅是要注重表现的效果，更要强调训练过程中的理解、总结和消化，并能培养学生由表及里，从感知—分析—理解—总结—表现这种系统的训练来刻画事物形体（图2-25～图2-30）。

结构素描具体的训练操作步骤如下：

（1）认真细致地观察对象的结构、形体关系和特征，并规划其构图、比例和视角等。

（2）用轻松的辅助线把复杂的形态归纳成简单的几何形体，并不断调整其比例、透视关系直到最佳。

（3）运用透视法则调节各个局部之间的比例、结构关系和形体的连接方式。

（4）刻画实际形体的局部，并画出被挡住的立体结构关系，特别是各个形体的交接点。

（5）用强调的线条画出对象的主要轮廓和结构关系。运用线条的轻重、粗细、刚柔等来表现不同材质的质感。可以保留开始的辅助线来加强形体的空间分割、透视效果。为了需

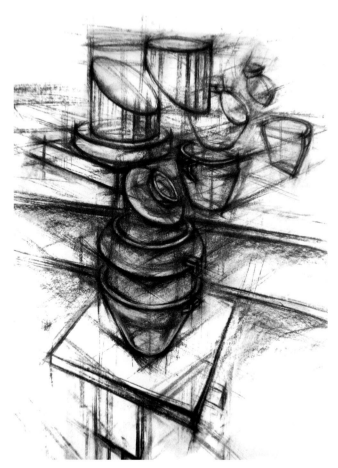

图2-25　明暗光影的结构素描

图2-26　明暗光影的结构素描

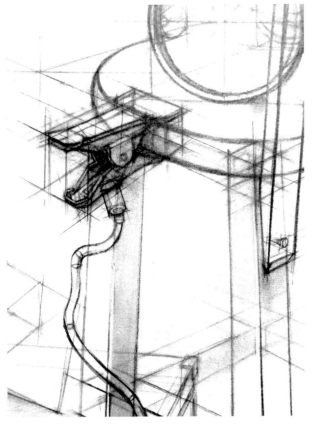

图2-27 以线为主的结构素描 主峰

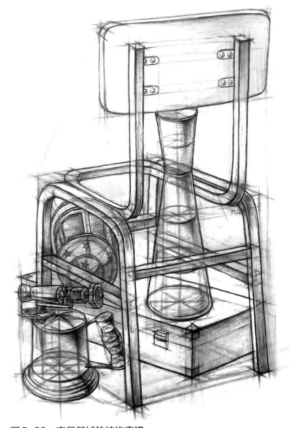

图2-28 家具器械的结构素描

要，可以在形体上画些辅助的截面，目的是加强形体的空间关系。

（6）总结训练过程中理解的知识，并及时调整先前对于形体结构的错误概念。

二、练习的要求

（一）正圆的训练

这种基本形在我们的设计中是经常遇见和使用的。但要想一蹴而就画一个正圆，的确不是一件易事。如一张草图的其他部分画得简洁、干练，唯独某些特定的图因为画不准，而在上面反复描绘，其结果是画面上出现了一大堆残线，感觉非常凌乱。设计草图要求行笔流畅，对形态的大小、位置控制要非常准确。这就给我们提出了较高的要求，要做到想画什么样的图就能画什么样的图，要画多大就能画多大，随心所欲，自由发挥，就必须遵照一定的方法并大量地练习（图2-31～图2-33）。

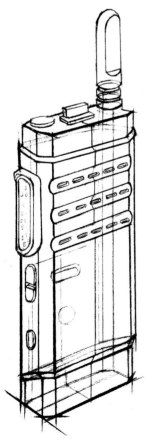

图2-29 对讲机的结构素描 主峰

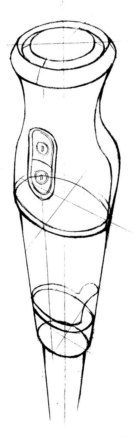

图2-30 椭圆形体的结构素描 主峰

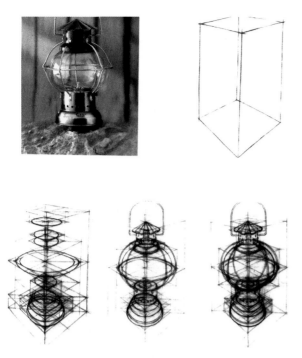

图2-31 汽油灯的结构、透视的分析

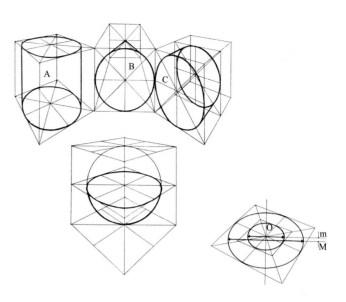

图2-32 圆的几何形体的结构、透视分析

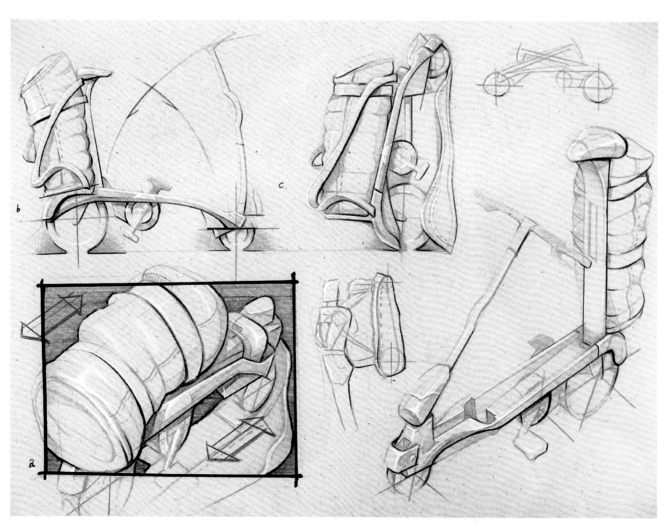

图2-33 不规则形体的结构、透视分析

（二）椭圆的训练

椭圆的训练与正圆的训练有所不同，椭圆因角度的变化会产生透视感。而透视的作用使椭圆在空间中会出现近大远小、近宽远窄的透视关系，因此进行椭圆的训练除了遵循正圆的训练方法之外，还要注意椭圆在空间中的透视关系（图2-34、图2-35）。

（三）组合形体的训练

一切复杂的形体都可以概括为方形和圆形的基本元素，我们要在这两种基本元素上研究空间的变化对于形体透视的影响。

方形和圆形的表现要经常不断地加以练习，通过练习我们的手绘技法得到不断的提高。只有增强手头的控制力，才能把握画面所要表达的各种形态关系。另外，还可依据自己的兴趣，做其他形式的练习（图2-36、图2-37）。

（四）特定形态的训练

所谓特定形态是指在设计中所遇到的特殊造型。在勾画时，这些造型不像正圆、椭圆那样能形成一种往复的循环笔路。之中特殊造型在勾画时要求行笔在一定形态下进行旋转而获得。如车轮挡泥圈与车身拱形的勾画，就要在这种扭转行笔的状态下完成。再如一些半切形、回转形、绕转行等，都要求我们在勾画时，手头有很稳定的控制力才能达到设想的效果。下面将几个例子，来说明控制特定形态的要求与方法。汽车挡泥圈与车身拱形：这种造型可以说是特定的，它因车的特有形态而形成，在表现时要求必须采用固定的手法来完成。同时在画这种造型的时候还要求依照画正圆与画椭圆的方法，追求其行笔的流畅感。车身挡泥圈与车身拱形的半弧形状在成角的状态下，看上去很像一条抛物线。而在设计中形态

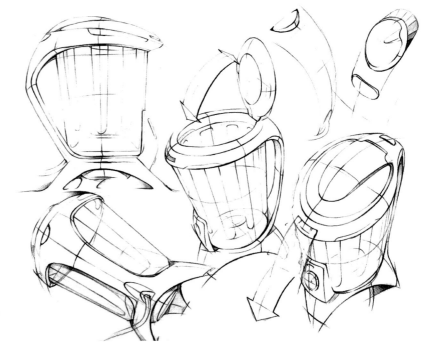

图2-34 椭圆形体产品的设计表达 天津美术学院工业设计系学生作品

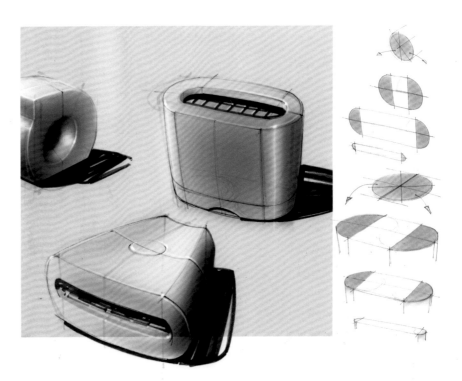

图2-35 椭圆形体产品的结构分析 Kooseissen设计

角度的变化往往是不定性的。因此，在勾画时我们要特别留意抛物线本身与整个形态的透视感受（图2-38）。

（五）R角的处理

R角的处理是形态设计中常常遇到的。同时又必须掌握的关键要素之一。简单地讲：R角的形成是通过对尖锐角进行弧形处理而完成的。对不变R角的处理，一般在实体模型或三维电子模型上制作比较简单、直观。然而在设计草图中，对形态的R角处理就必须遵循图面表达的相关技巧，才能获得所设想

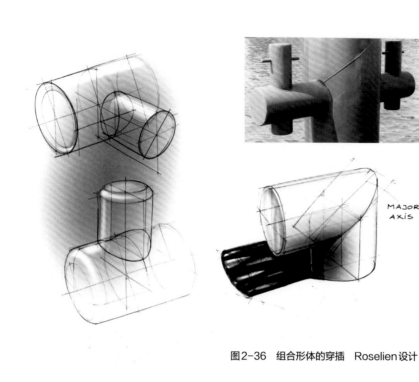

图2-36 组合形体的穿插 Roselien设计

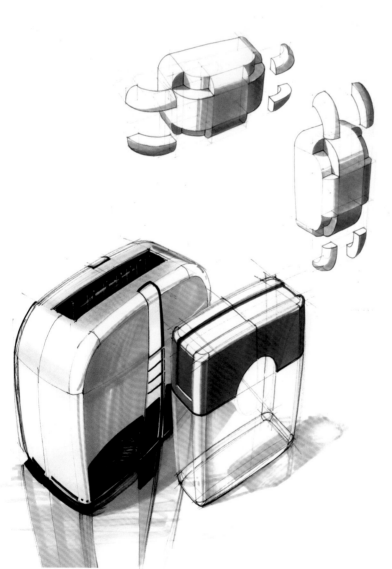

图2-37 组合形体 Ster设计

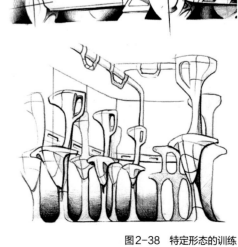

图2-38 特定形态的训练

的效果。R角的处理，是简单形态向有机形态、直面形态向曲面形态、单纯形态向多样形态转化发展的重要途径。也是形与形之间相互呼应，相互协调的有效手段。R角处理得如何直接影响着形态情感的传递与表达。R角处理得好，能使形态妙不可言；R角处理得不好，则会使形态变得丑陋不堪。R角处理得好，还会使形态变得柔和宜人；R角处理得不好，则会使形态变得怪异而不协调。R角的恰当处理有时会使形态感觉厚重，有时会使形态感觉轻薄，有时会使形态感觉柔和，有时会使形体感受坚硬。总之，对R角的处理与表达是塑造形态语言的关键，同时也是传递形态情感的重要手段（图2-39）。

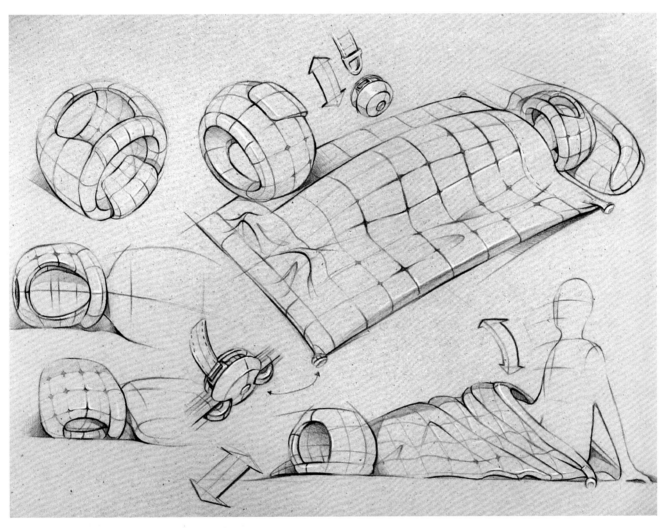

图2-39　R角的处理

本节要点：

结构素描是对于形体塑造的基础研究，作为产品设计表现的效果图始终应该有结构的概念。学会在平常的生活和学习中观察不同产品的结构，内隐的结构和外形的关系。

本节作业与要求：

（1）临摹结构素描2幅。

（2）写生结构素描20幅。

一、图解思维

图解思维简单地说就是用图的样式把设计师的构思记录下来，它是产品设计师在表达设计想法时最直接、最便捷的方式之一。在进行设计工作时，设计师的创意构思有时源于设计师日常生活中的视觉记忆的积累，有时则是设计师不经意间的灵机一动，但不论是哪一种，都需要快速地将头脑中的创意想法表现并且进行保留。设计速写成为记录性速写就是能够让设计师快速、直观地表现设计创意，它是一种绘图方式。设计速写在绘制的过程中，要求设计师做到设计想法的准确再现、快速再现以及美观再现（图2-40～图2-48）。

二、基本工具、材料类别

由于设计速写具有迅速和灵活的特点，个人可以选择适合设计速写需要和自己喜好的工具和材料来绘制。常用的工具和材料有铅笔、钢笔、马克笔、彩色铅笔、透明水彩颜料等，它们既方便购买、携带，又非常实用。

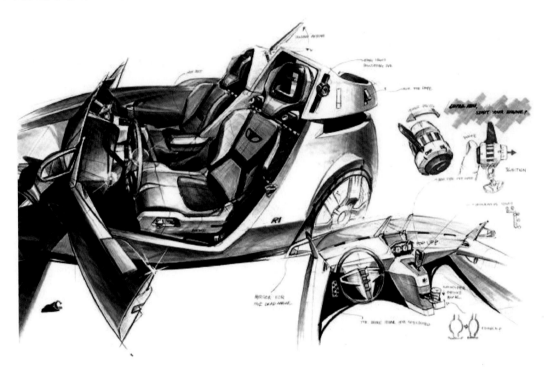

图2-40　汽车设计效果图

图2-41　汽车设计效果图

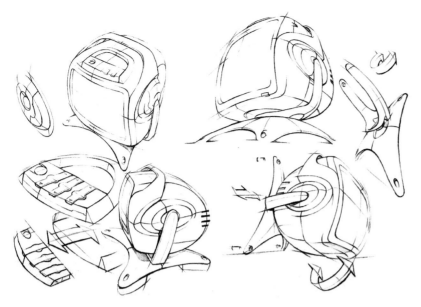

图2-42　显示器设计速写（为了突出画面的效果采取了低矮的视角）

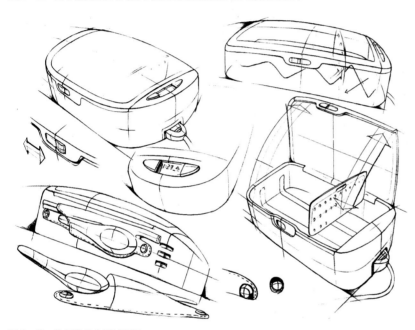

图2-43　物品收纳盒设计速写

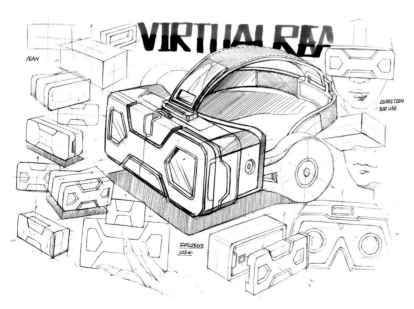

图2-44　设计速写　董亚春

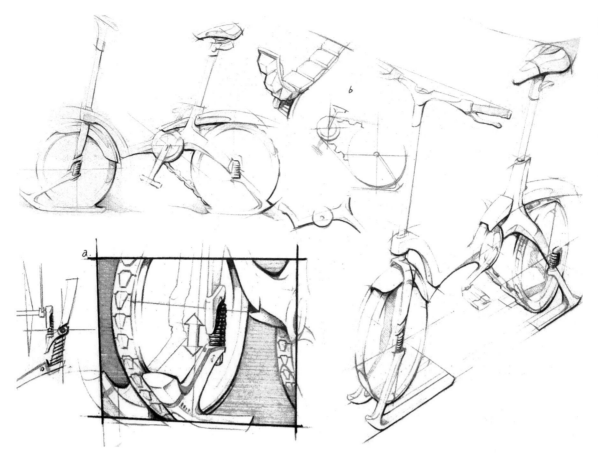

图2-45　自行车设计速写　天津美术学院工业设计系学生作品

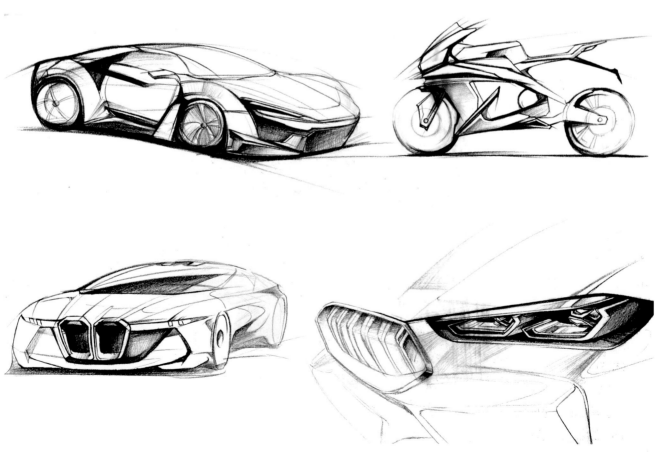

图2-46　汽车设计速写

图2-47 汽车设计速写 天津美术学院工业设计系学生作品

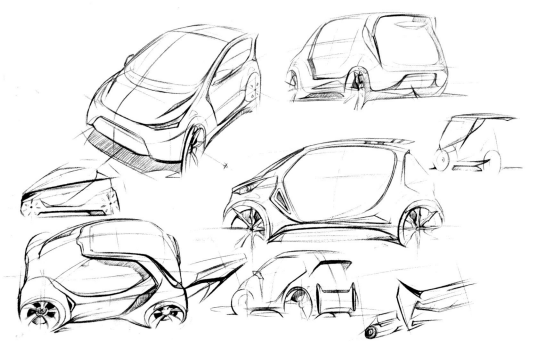

图2-48 汽车设计速写

本节要点:

本节要求学生了解设计速写的概念,掌握基本原理和具备基本的产品设计表现能力。

本节作业与要求:

(1)临摹设计速写 10 幅。

(2)写生设计速写 20 幅。

(3)创作设计速写 20 幅。

第四节　汽车草图的训练

一个世纪以来，汽车一直是人们宣泄想象力与创造力的对象，汽车设计师、工程师、发明家甚至普通公众都可以拿起画笔描绘一下自己心中梦想汽车的样子。

在工业设计中，汽车草图的准确表达难度较大，因为涉及大角度的透视，以及众多曲面的组合。初学者望而却步，不是形画不准就是透视把握不好，容易出现轮子与车身无法衔接等问题。要想画好汽车草图，关键是方法问题，只要掌握了基本规律也就变得容易了（图2-49、图2-50）。

一、汽车的基本结构

在画汽车草图之前，我们先要对汽车的基本结构有个大致的了解，这样就可以在之后的训练过程中有的放矢，有法可依。

汽车一般由发动机、底盘、车身和电气设备四个基本部分组成。

（一）发动机

发动机是汽车的动力装置，由机体、曲柄连杆装置、配气装置、冷却装置、润滑装置、燃料装置和点火装置（柴油机没有点火装置）等组成。发动机按燃料分为汽油发动机和柴油发动机两种；按工作方式分有二冲程和四冲程两种，一般汽车发动机为四冲程发动机。

（二）底盘

底盘的作用是支撑、承载汽车发动机及其各部件，形成汽车的整体造型，并承受发动机的动力，使汽车产生动力，保证其正常行驶。底盘由传动装置、行驶装置、转向装置和制动装置四部分组成。

（三）汽车车身

由发动机盖、车顶盖、行李箱盖、翼子板、前围板等几部分构成。

（四）电气设备

主要由蓄电池、发电机、调节器、起动机、点火装置、仪表盘、照明装置、音响装置、雨刷器等组成（图2-51、图2-52）。

二、画汽车草图的训练步骤

在进行汽车草图训练之初，我们可以先从整体分析和归纳车的外形，大致可将汽车分为车顶、车身、车轮等几部分，然后将其大弧度的曲面表现出来。这一步主要练习大的骨架，把握透视主行线。

大骨架练习熟练后开始对车身进行观察，对车的基本形有个大体的了解，接下来我们可以练习车顶的圆弧。

在造型之前要考虑好车型各个面的相接关系，然后轻轻地用无水圆珠笔在纸上默画，画出一些痕迹来，等到相互形面的透视关系基本明确了，再快速地将车画出来，笔触要自然、流畅（图2-53～图2-57）。

图2-49　汽车设计效果图

图2-50　汽车手绘草图

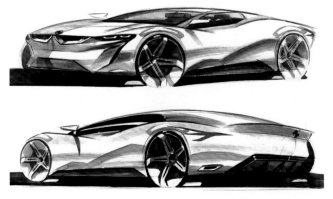

图2-51　汽车手绘草图

图2-52　汽车手绘草图

图2-53　汽车设计构思初步表现

图2-54　汽车设计主色调的确定

图2-55　利用笔触的深浅区分汽车的明暗关系

图2-56　汽车细节的深入刻画

图2-57　汽车手绘效果图表现

产品透视的准确性在产品手绘效果图的整体画面表现上都具有至关重要的作用，所以在产品绘制的过程中，从上色到最后的成稿每一个步骤都要对产品的透视结构进行检查与分析（图2-58～图2-63）。

图2-58 汽车方案设计速写

图2-59 汽车方案设计速写

图2-60 汽车设计速写

图2-61 汽车设计速写

图2-62 多种表现技法结合的汽车设计草图

图2-63 多种表现技法结合的效果图

本节要点:

以上介绍了汽车设计草图的基本技法和相关知识。学习这些基本的理论知识只是一个开端。汽车设计相对来说比较复杂,练好汽车设计草图很关键。

本节作业与要求:

(1)临摹汽车草图 20 幅。

(2)写生汽车草图 50 幅。

(3)创作汽车草图 50 幅。

第五节 色彩、质感

一、色彩

色彩包含了美学、光学、心理学和民俗学等。心理学家近年提出了许多色彩与人类心理关系的理论，他们指出每一种色彩都具有象征意义，当视觉接触到某种颜色，大脑神经便会接收色彩发送的讯号，即产生联想。例如，红色象征热情，看见红色便令人心情兴奋；蓝色象征理智，看见蓝色便使人冷静下来。经验丰富的设计师，往往能借色彩运用，勾起一般人心理上的联想，从而达到最佳设计的目的。

一般情况下，颜色的象征意义如下：

（1）红：血、夕阳、火、热情、危险。

（2）橙：晚霞、秋叶、温情、积极。

（3）黄：黄金、黄菊、注意、光明。

（4）绿：草木、安全、和平、理想、希望。

（5）蓝：海洋、蓝天、沉静、忧郁、理智。

（6）紫：高贵、神秘、优雅。

（7）白：纯洁、朴素、神圣。

（8）黑：夜、死亡、邪恶、严肃。

一种颜色通常不只含有一个象征意义，正如上述的红色，既象征热情，又象征了危险。所以不同的人，对同一种颜色会做出截然不同的诠释。除此之外，年龄、性别、职业、身处的社会文化及教育背景，都会使人对同一色彩产生不同的联想。紫色在西方是一种代表尊贵的颜色，大主教身穿的教袍便采用了紫色；但在伊斯兰国家，紫色却是一种禁忌的颜色，不能随便乱用。

色彩的寓意随着时代变化也有所变化，全世界的设计师都致力于打开色彩新领域，以求始终保持色彩的新鲜感。每年的国际流行色也提高了公众对色彩的审美能力。所以在产品的色彩设计上不仅要强调色彩本身的表现力和色彩的象征性，还要注意色彩的感情和配色规律。设计师还要对色彩的流行趋势有所了解，才能设计出时尚的颜色出来。

有彩色系的颜色具有三个基本特性：色相、纯度和明度，在色彩学上也称为色彩的三大要素或色彩的三属性。

（一）色相

色相是有彩色的最大特征。所谓色相是指能够比较确切地表示某种颜色色别的名称，如玫瑰红、橘黄、柠檬黄、钴蓝、群青、翠绿……从光学上讲，各种色相是由射入人眼的光线的光谱成分决定的。对于单色光来说，色相的面貌完全取决于该光线的波长；对于混合色光来说，则取决于各种波长光线的相对量。物体的颜色是由光源的光谱成分和物体表面反射（或透射）的特性决定的（图2-64）。

（二）纯度（彩度、饱和度）

色彩的纯度是指色彩的纯净程度，它表示颜色中所含有色成分的比例。含有色彩成分的比例越大，则色彩的纯度越高；含有色彩成分的比例越小，则色彩的纯度越低。可见光谱的各种单色光是最纯的颜色，为极限纯度。当一种颜色掺入黑、白或其他彩色时，纯度就产生变化。当掺入的颜色达到很大的比例时，在眼睛看来，原来的颜色将失去本来的光彩，而变成掺和的颜色了。当然这并不等于说在这种被掺和的颜色里已经不存在原来的色素，而是由于大量的掺入其他颜色而使得原来的色素被同化，人的眼睛已经无法察觉出来了（图2-65）。

有色物体色彩的纯度与物体的表面结构有关。如果物体表面粗糙，那么其漫反射作用将使色彩的纯度降低；如果物体表面光滑，那么全反射作用将使色彩比较鲜艳。

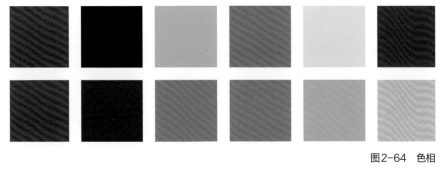

图2-64 色相

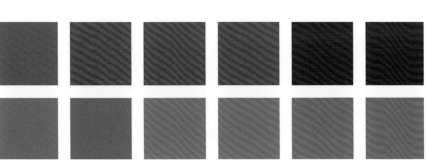

图2-65 纯度

（三）明度

明度是指色彩的明亮程度。各种有色物体由于它们的反射光量的区别而产生颜色的明暗强弱。色彩的明度有两种情况：一是同一色相不同明度。如同一颜色在强光照射下显得明亮，弱光照射下显得较灰暗、模糊；同一颜色加黑或加白掺和以后也能产生各种不同的明暗层次。二是各种颜色的不同明度。每一种纯色都有与其相应的明度。黄色明度最高，蓝紫色明度最低，红、绿色为中间明度。色彩的明度变化往往会影响到纯度，如红色加入黑色以后明度降低了，同时纯度也降低了；如果红色加白则明度提高了，纯度却降低了（图2-66）。

有彩色的色相、纯度和明度三特征是不可分割的，在应用时必须同时考虑这三个因素。

产品设计中的色彩不是孤立的，更有其独特性。在不同的材质下运用相同的色彩视觉效果是不同的，在不同的环境下使用相同的色彩视觉效果也是不同的，针对不同消费者的产品其色彩也应该有所区别，同样不同性质的产品也需要有不同的色彩。另外，在设计中还要考虑企业的标识性和企业的形象色彩等（图2-67～图2-69）。

本节要点：

懂得色彩的规律和理论知识不等于就能掌握了色彩的运用，必须不断地调整自己的色彩敏锐度，提高自己的色彩修养。

本节作业与要求：

汽车色彩设计效果图2幅，A4图纸。注重产品色彩变化及色彩搭配。

图2-66 明度

图2-67 汽车色彩设计效果图

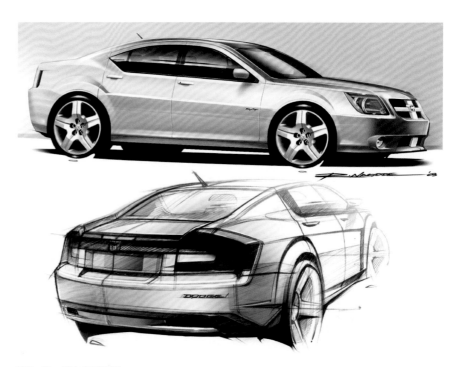

图2-68 汽车色彩搭配

二、质感

由于光源对于物体表面的照射角度不同，各个面的受光强度也就不一样。质感对于光的吸收、反射与色彩有关，还和物体本身的组织结构密切相关。因此，我们要不断地分析光源和肌理结构等的关系，找出其视觉规律来。运用最为恰当的表现手段来表现不同材料的质感，是一个设计师必须具备的能力（图2-70～图2-78）。

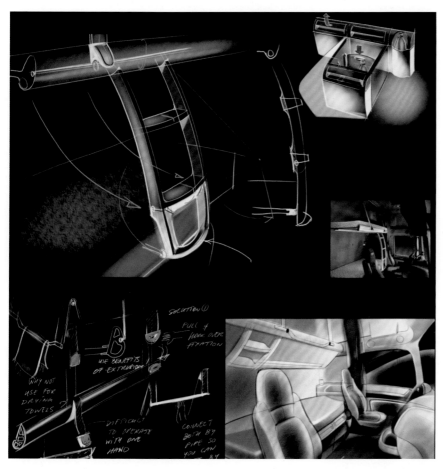

图2-69 汽车内饰搭配

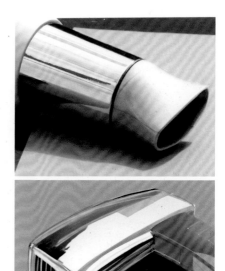

图2-70 强反射的表现

图2-71 金属和水肌理的表现 天津美术学院工业设计系学生作品

图2-72 金属质感表现效果图

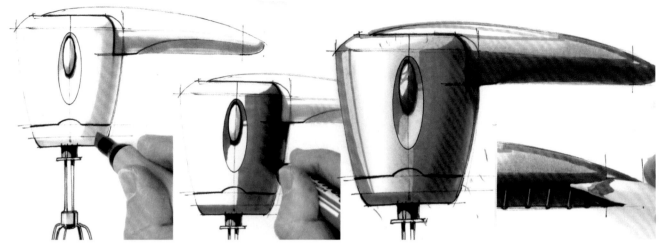

图2-73　光影对于塑造形体的作用

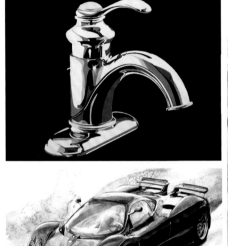

图2-74　金属质感表现效果图

图2-75　金属质感表现效果图

图2-76　金属质感表现效果图

图2-77 强反射的表现 天津美术学院工业设计系学生作品

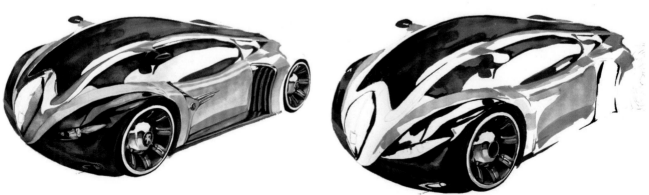

图2-78 金属、玻璃质感表现效果图

一幅完整的产品效果图必须把对象的形体、色彩、质感这三个基本要素充分地表现出来，只有这样才能成为后续工作的依据。

不同材质特质：

（1）钢材——坚硬、沉重。

（2）铝材——华丽、轻快。

（3）铜——厚重、高档。

（4）塑料——轻盈。

（5）木材——朴素、真挚。

质感并不是固定不变的，还要靠我们在实际应用中不断总结，善于运用材质的特质，为塑造优质产品打下基础。

产品材料的质感表现主要有以下几种：

（一）强反光材料质感表现

强反光材料主要有不锈钢、镜面、电镀材料等。这类材料受环境影响较多，在不同的环境下呈现不同的明暗变化。其特点主要是：明暗过渡比较强烈，高光处可以留白不画，同时要加重暗部处理。笔触应整齐平整，线条有力、干脆，必要时可在高光处表现少许彩色，以体现环境色的影响，这样更加生动、传神（图2-79）。

（二）半反光材料质感表现

半反光材料主要有塑料及大理石等。塑料表面给人的感觉较为温和，明暗反差没有金属材料那么强烈，在表现时应注意它的黑、白、灰对比较为柔和，高光强烈。大理石质地较硬，色泽变化丰富，表现时先要确定出一个大基调，再用较细的笔勾画出纹理（图2-80、图2-81）。

（三）反光且透光材料质感表现

反光且透光材料主要有玻璃、透明塑料、有机玻璃等。这类材料的特点是具有反光和折射光，光彩变化丰富，而透光是其主要特点。

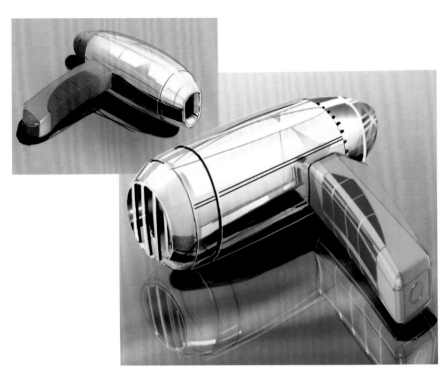

图2-79　强反光的不锈钢材质表现　Steur设计（不锈钢这种高反光材料的表现必须考虑到环境和光源的影响）

图2-80　半反光的塑料材质表现　VAN　ERLO公司设计

表现时可直接借助于环境底色，画出产品的形状和厚度，强调物体轮廓、光影变化与高光，但注意需处理好反光部分。物体内部的透明线

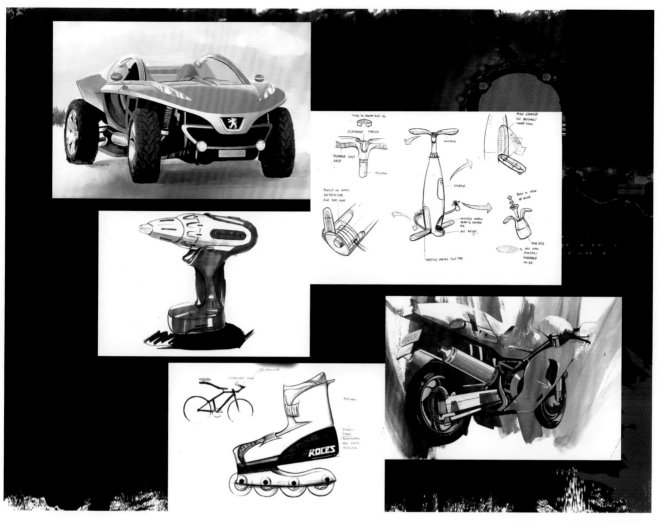

图2-81 半反光的塑料材质表现

图2-82 透明玻璃材质表现 Roselien设计
（玻璃的表现需注意折射光的现象）

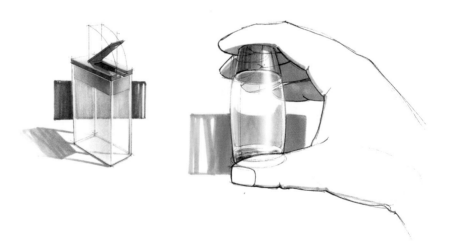

图2-83 有机玻璃材质表现 Roselien设计

和零部件一定要仔细刻画，以此表现出透明的特点（图2-82~图2-85）。

（四）不反光也不透光材料质感表现

不反光也不透光材料主要分为软质材料和硬质材料两种。软质材料主要有织物、海绵、皮革制品等，

硬质材料主要有木材、亚光塑料、石材等。它们的共性是吸光均匀、不反光，且表面均有体现材料特点的纹理（图2-86~图2-89）。在表现软质材料时，着色应均匀、湿润，

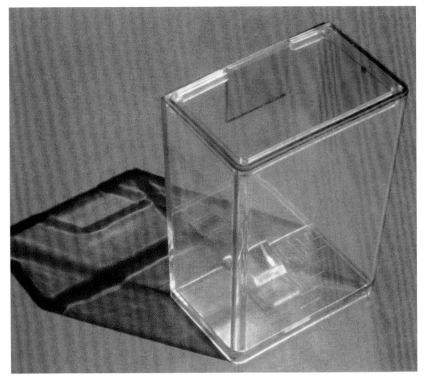

图2-84　塑料透明材质表现

图2-85　玻璃材质表现

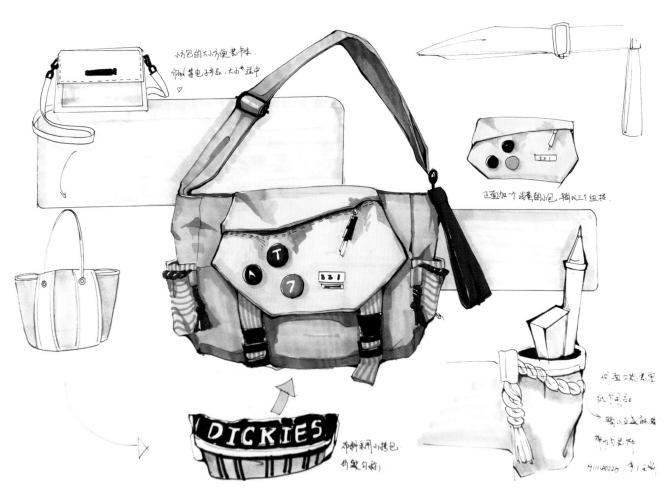

图2-86　软质材料表现

图2-87 动物表皮纹理

图2-88 自然材料纹理

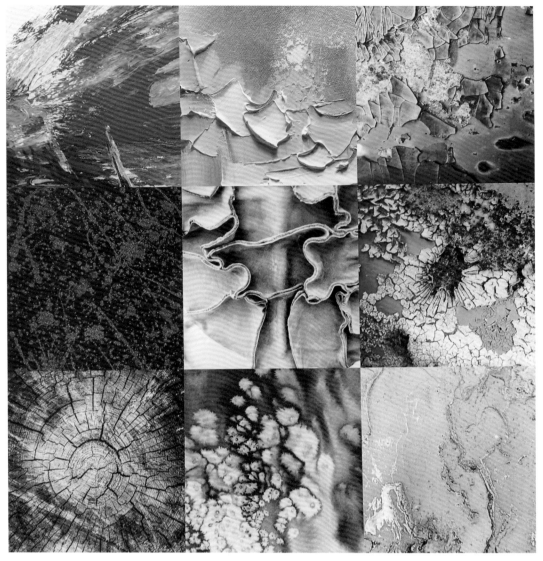

图2-89　色彩及纹理效果

线条要流畅，明暗对比要柔和，避免用坚硬的线条，不能过分强调高光。表现硬质材料时，描绘应块面分明，结构清晰，线条挺拔、明确，也可借助特殊的技法来表现表面质感。

材质是千奇百样的，要学会归纳、总结和融通。

本节要点:

本节系统地讲解了产品设计表现的基础技法,在借鉴、临摹和参考优秀作品的基础上,逐渐找到适合自己的表现方式,关键是要领悟优秀作品背后的本质。

本节作业与要求:

认真观摩参考资料,试着总结自己对本节知识要点的领悟,并整理出相关的文字资料。

(1)临摹不同质感材质效果图 5 幅。

(2)写生表现不同产品材质效果图 5 幅。

(3)默写表现不同产品材质效果图 10 幅。

第三章　产品设计草图和效果图表现技法的表现种类与方法

课程名称：产品设计草图和效果图表现技法的表现种类与方法。

授课时数：60课时。

教学目标：通过系统地对各种表现工具和表现效果进行讲解，使学生对工具和表现形式有基本了解，并能选择一到两种适合自己的表现方式进行深入训练，进而具备基本的表现技能。

教学内容：铅笔、色粉笔、彩铅笔、马克笔等绘图工具和表现技法的讲解。

教学方法：课堂理论讲解；优秀作品赏析；以单元课题实时训练并集中进行作业讲评。

工具、材料的准备：铅笔、钢笔、针管笔、彩铅笔、色粉笔、马克笔和速写纸等。

工欲善其事，必先利其器。选择合适的工具与材料有助于画面效果的表现。每个设计师都应该在设计的实践中找到最适合自己的效果图表现方式和技法。

一般我们采用熟悉的视角来表现产品的主要特征。主要物体和前景应该画得色彩丰富，用笔要肯定，对比要强烈，形体要明确。要求注意线条的起始，快速移动手腕，画出有气势又生气的流畅线条和笔触，也就是要画得放松。但要注意的是避免草图形体松散、单薄。设计草图是快速记录产品或是快速表达设计方案的手段，在工业设计中起到举足轻重的作用。

设计草图表现不仅在工业设计领域，而且在建筑设计、机械设计、大生产工艺设计等领域也都是必需的表现技能。

一、草图种类

（一）记录性资料草图

收集与记录信息是设计创作的基础。设计时常需要依靠设计师生活中大量的视觉记忆作为素材。记录性

第一节　设计草图

资料草图可作设计师收集资料和进行构思创意之用。草图一般十分清楚、翔实，而且可在草图上画一些局部放大图，以记录一些特殊的结构或是形态和色彩。这类草图对拓宽设计师的思路和积累设计经验有着不可低估的作用（图3-1、图3-2）。

设计师通常追求的是创造力和想象力。随着产品的不断开发，需要把设计师最初产生的构思表达出来，这就是快速记录效果图。英文单词为"sketch"，有略图、草图、拟定、勾画的意思，是将创造性的思维活动，转换为可视形象的重要表现方法。换句话说，就是利用不同的绘画工具在二维平面上，运用透视法则，融合绘画的知识技能，将浮现在脑海中的创意真实有效地表现出来。它和符号学、信息传达之间有着深厚的关系，而快速记录

效果图就是达到这个目的的阶梯。

（二）思考性创意草图

利用草图进行形象和结构的推敲，并将思考的过程表达出来，以便对设计师的构思进行再推敲，这类用途的草图被称为思考类草图。

这类草图更加偏重于思考过程，一个形态的过渡和一个小小的结构往往都要经过一系列的构思和推敲，而这种推敲靠抽象的思维是不够的，需要通过一系列草图进行逻辑思考（图3-3、图3-4）。

二、草图绘制工具及特性

（一）铅笔

铅笔主要用于起稿，或直接画铅笔画。它有6H～6B不同软硬的铅质供选择。

1.铅笔表现的特点

铅笔通常表现素描效果，并分为单线画法和明暗画法两种形式。

（1）单线画法。即以线条进行勾勒，将物体的全貌表现出来，用笔分轻、重、缓、急，线条生动，富于变化。

（2）明暗画法。即以线条的排列为主要形式，可表现极其细微的变化，使光影表现得极为深入。铅笔有软硬之分，软铅用于粗犷的画面效果，硬铅可产生细腻的局部效果。铅笔表现主要是铅粉留在纸上的痕迹而形成画面，因此，还可用手及擦笔等擦抹画面，使影调均匀过渡，线条含混。为了便于保存铅笔画，最好能在画面上喷一层乳胶掺水调稀的定画液。

2.铅笔线条与运笔的基本方法

铅笔的笔芯有一定粗细，因此，铅笔的线条总在一定的宽度以内。表现出来线条粗细是由绘制者用力轻重所致，用力重就粗，用力轻就细。在单线描绘的画法中，线条的抑扬顿挫就是绘制者用力轻重所为；在明暗刻

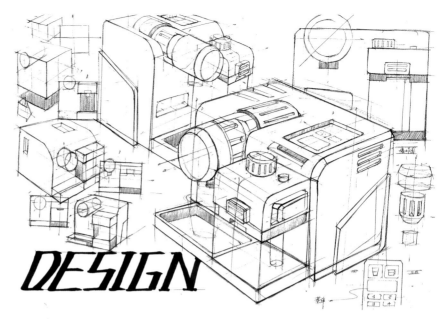

图3-1　快速记录表现技法　董亚春

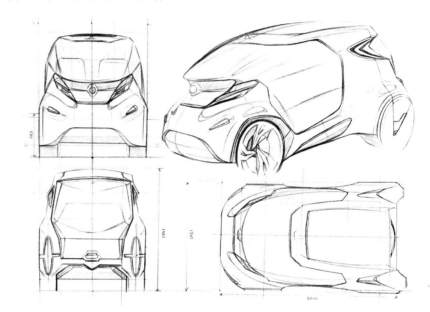

图3-2　快速记录表现技法

图3-3　思考性创意草图

画的技法中，依靠线条的排列而形成面。线条排列也有多种方法：上重下轻，下重上轻，两头轻中间重，两头重中间轻。在勾线时，因往返的长度是一定的，故需一组一组地排列、一组与一组地衔接。如果要形成很大的一个面，则用"两头轻中间重"的方法较合适（图3-5）。

（二）彩色铅笔

彩色铅笔与普通铅笔相似，都有木质外壳，但分油性、水性两种，且具有丰富的颜色可供选择（图3-6）。

图3-4　思考性创意草图

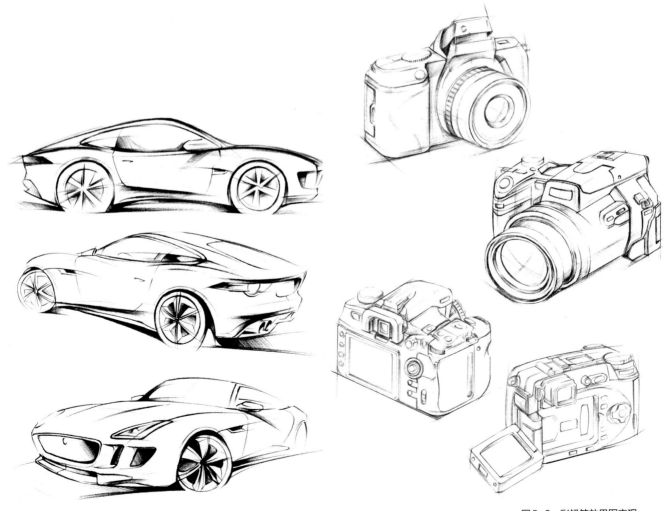

图3-5　铅笔效果图表现

图3-6　彩铅笔效果图表现

（三）钢笔

钢笔也称自来水笔，通过吸管存储一定量的墨水，经笔头将墨水画在纸上，有的将笔头弯折后使用，可随意调节线条的粗细（图3-7）。

（四）针管笔

针管笔也称制图笔，是为了绘制完全合乎标准的图样及文字而用，分0.3～2.0mm九种粗细规格（图3-8～图3-10）。

（五）马克笔

马克笔也称签字笔、记号笔，有油性和水性两种墨水，并有不同颜色和不同粗细的笔头可供选择（图3-11、图3-12）。

（六）色粉笔

色粉笔属于粉质材料，可选择的颜色很多，不同的颜色还可以互混使用（图3-13）。

图3-7　钢笔效果图表现

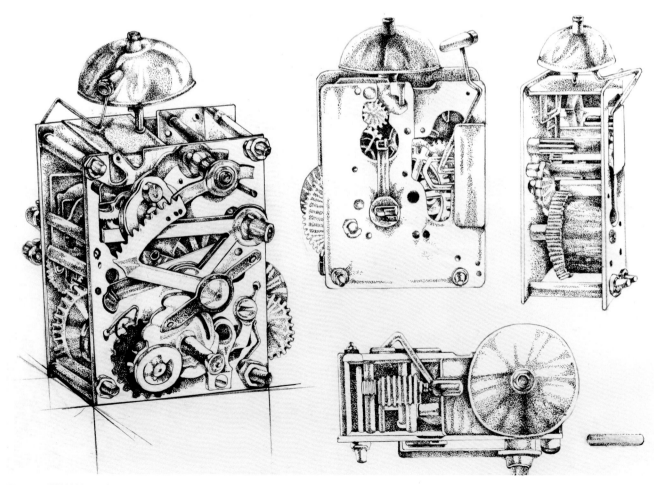

图3-8　针管笔效果图表现

图3-9　针管笔效果图表现

图3-10　针管笔效果图表现

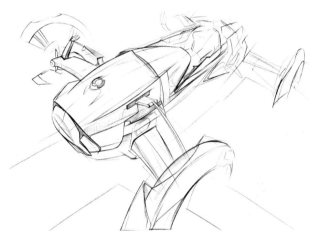

图3-11　铅笔线描稿

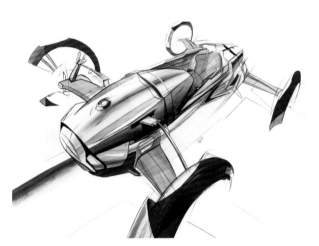

图3-12　马克笔效果图表现

图3-13　色粉笔效果图表现

第二节 效果图表现的主要方式和技法

一、单色草图表现

在快速效果图的绘制方法中有一种单色草图画法。单色草图以线条优美流畅取胜，它们就是直线、曲线和透视三者的结合。要画得快、准、好。其实，单色画法效果的优劣主要取决于线条的曲直度。要求做到线条流畅且肯定，不能有过多重复勾描，线条或笔直，或圆滑，都要做到流畅。一般在画的时候要注意线条的粗细，避免不自然，这些是最主要的问题。除此之外，还需要注意透视的准确性，在草图的绘制过程当中透视不准是一大忌讳。最后一点就是对体积感的把握程度也需要注意（图3-14～图3-26）。

单色表现的工具一般有铅笔、钢笔、针管笔等。

用单色也可以表现对象的造型、质地和色彩。单色画也称为素描，用较快的速度表现的单色画称为速写。设计师最原始、最真切的灵感都在速写和素描之中表现。单色表现技法包括线条和色调两个基本要素。绘制时，可以以明暗为主，也可以以线条为主，也可以两者兼容。最终选择哪种方法，要根据不同画面所要追求的效果而决定。不管选择哪种效果，哪种画法，一幅表现图的好坏关键在于如何把握明暗之间黑白灰大的整体关系（图3-27、图3-28）。

二、钢笔、针管笔表现

钢笔、针管笔因其实用且携带方便，而成为一种速写常用工具。

钢笔、针管笔有各式的笔尖和类型。好钢笔的笔尖柔韧而精致，可在纸上作任何方向的运动，只需要转动笔尖就可以画出可粗可细的线条。运笔的轻重、快慢不同，笔尖的方向不同，得到的线条粗细也

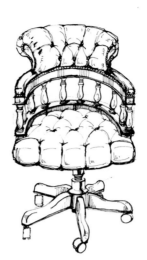

图3-14　家具设计单色效果图表现

图3-15　摩托车设计单色效果图表现

图3-16　汽车设计草图　Joe Baker 设计

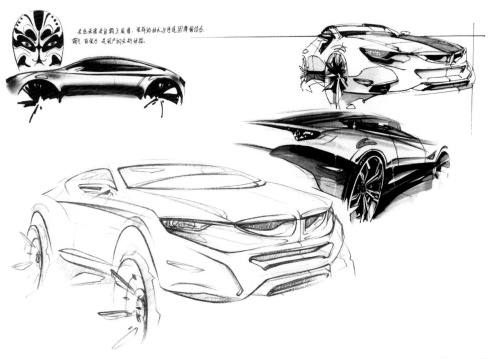

图3-17 汽车草图设计

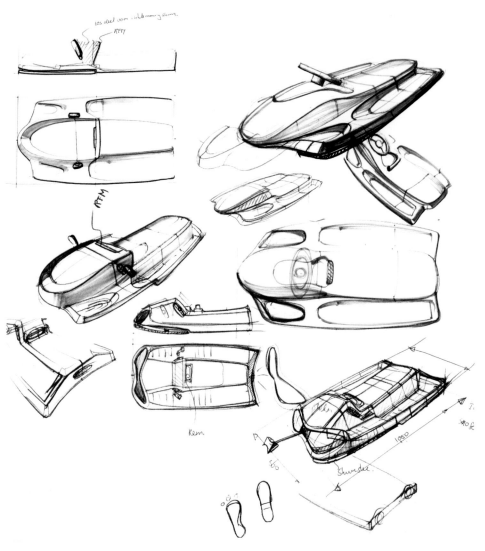

图3-18 儿童车设计草图 NPK公司设计

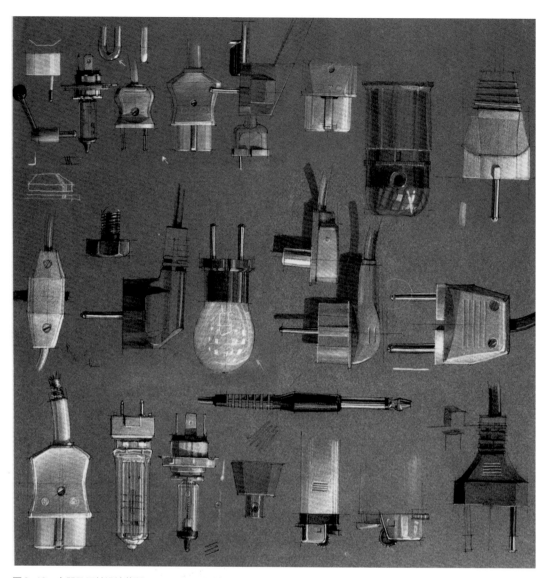

图3-19 电器及开关设计草图 Joe Baker设计

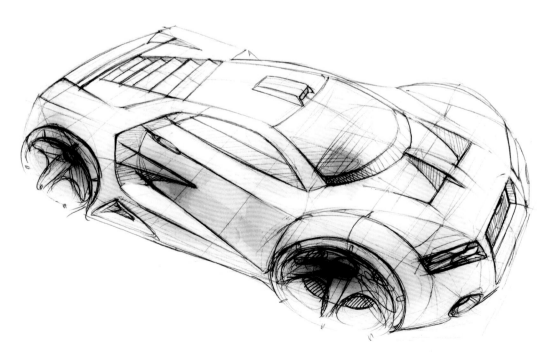

图3-20 汽车设计草图 Volkswagen公司设计

图3-21 摩托车设计 天津美术学院工业设计系学生设计

图3-22 汽车设计草图 利用线条和明暗来丰富层次

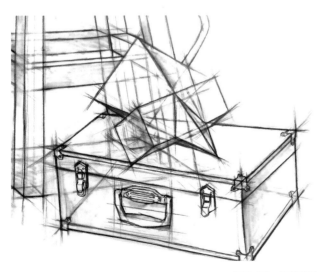

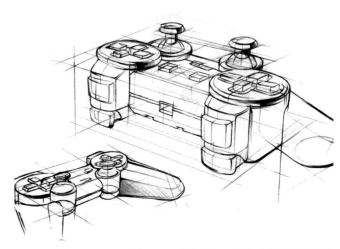

图3-23 铅笔线稿

图3-24 铅笔线稿 天津美术学院学生石张胤

图3-25 铅笔结构效果表现

图3-26 铅笔结构效果表现

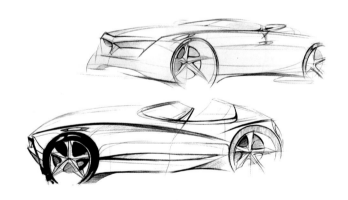

图3-27 汽车设计黑白技法表现效果图

图3-28 汽车设计黑白技法表现效果图

不同。画出的线条千变万化，流畅结实，能最大限度地听从设计师大脑的指挥，去实现画家的各种创作理念（图3-29～图3-32）。

针管笔相对钢笔而言，画出的线粗细均匀，风格秀气，清丽典雅，细节刻画和面的转折都能做到精细、准确，有一种严谨的气氛。可将对象表现得真实、细腻、写实（图3-33、图3-34）。

三、彩色草图表现

（一）线描淡彩

线描淡彩是以针管笔或钢笔绘制的线条结构为主，以颜色为辅的一种效果图表现技法。线描淡彩施色简捷、单纯，大多只是起强调气氛的作用。因为针管笔或钢笔的线描部分已经完成得很充分了，无

须用太多的色彩去塑造形体（图3-35、图3-36）。

线描淡彩使用的色彩一般以透明或半透明的颜料为首选，但它的应用不像水彩技法那般注重施色技巧，比如表现光影、色调、质感、冷暖等，它对针管笔或钢笔稿的要求比其他技法更为严格。线描淡彩技法基本上就是在一张完整的线稿

图3-29 针管笔表现技法 天津美术学院工业设计系张子牧

图3-30 针管笔表现技法 天津美术学院工业设计系张子牧

图3-31 钢笔效果图表现

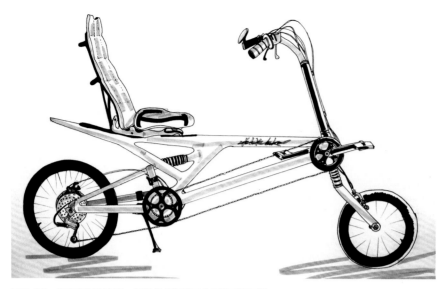

图3-32 钢笔效果图表现 天津美术学院工业设计系张子牧

图3-33 针管笔点画法 天津美术学院工业设计系学生作品

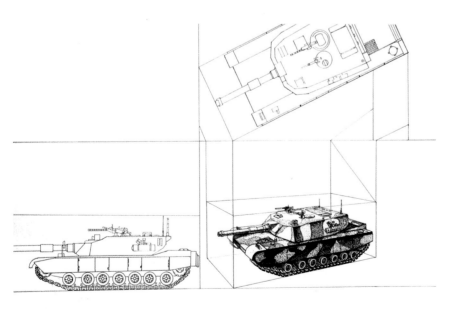

图3-34 针管笔工程图绘制效果图

上略施颜色。所以应选择吸水量大、弹性好的毛笔或尼龙笔，画纸则要求选择吸水性适中的白纸或浅色纸。由于线描淡彩表现技法的特点就是要求颜色的透明性好，不会对线稿有覆盖作用，所以在绘制的过程中对针管笔或钢笔的效果有很强的依赖性。

线描淡彩仅要求线稿轮廓线清晰、准确，并不要求表现出物体的质感和立体的效果，这样在上色时就像给一幅黑白画着色一样，颜色简练，效果突出。线描淡彩中的色彩运用只是作为一种符号点缀或增加画面效果。

淡彩的渲染一般由浅渐深，由上至下，着色尽量一遍完成，局部调整可做两至三遍渲染，分层次进行，但叠加的层次不宜过多，否则颜色会变脏、变灰，所以注意不要反复涂改。

多练习用钢笔线描表现产品的形态和结构，用淡彩的技法增加画面效果。采用临摹作品、图片，归纳和实物写生的方法进行练习（图3-37、图3-38）。

本单元作业与要求：

A4图纸，完成2幅，线描淡彩练习。注意产品结构的表现和淡彩渲染的方法。

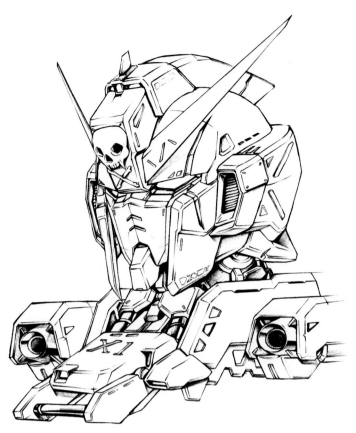

图3-35 线描为主表现 天津美术学院工业设计系石张胤　图3-36 线描淡彩的表现 天津美术学院工业设计系彭惠云

图3-37 线描淡彩、水彩、色粉结合画法

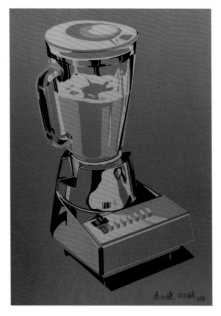

图3-38　归纳画法

（二）色粉效果图表现

常见的色粉是以色粉末压制的长方形小棒，一般从几十色到几百色不等。颜色上一般分为纯色系、冷色系和暖色系。色粉用纸和一般画线不同，它的表面有很多小坑便于色粉的附着（图3-39~图3-46）。

本单元小结:

分析优秀的色粉作品，进行临摹训练，掌握基本技法。

本单元作业与要求:

A4图纸完成2幅色粉效果图表现作品。注意产品结构的表现和色粉渲染的方法。

图3-39　色粉表现的汽车设计效果图

图3-40　色粉表现的汽车设计效果图

图3-41　以色粉表现为主的汽车设计效果图

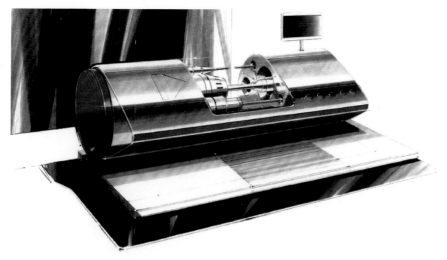

图3-42 色粉和马克笔结合的效果图表现 Shimizu Yoshiharu 设计

图3-43 色粉和马克笔结合的效果图表现 Shimizu Yoshiharu 设计

图3-44 色粉和马克笔的结合效果图表现

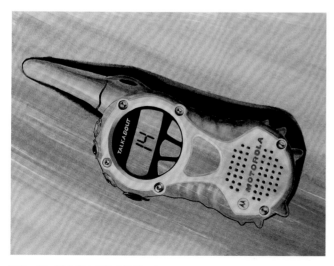

图3-45 以色粉表现为主的效果图

图3-46 以色粉表现为主的效果图 Shimizu Yoshiharu 设计

（三）水粉效果图表现

水粉是一种不透明的水彩颜料，用于产品效果图表现已有很久的历史，其覆盖力强，绘画技法便于掌握（图3-47～图3-49）。

产品设计效果图表现中水粉的退晕是表现光照和阴影的关键。水粉和水彩渲染主要区别在于运笔方式和覆盖方法。大面积的退晕一般用色不宜均匀，必须用小板刷把十分浓稠的水粉颜料迅速涂在画纸上，往返反复地刷。面积不大的退晕则可用水粉画专用扁笔一笔一笔将颜色涂在纸上。在退晕过程中，可以根据不同画笔的特点，结合多种画笔同时使用，以达到良好的效果。在使用水粉材料绘图的过程中，要注意表现产品形体真实的空间感，在细节的处理上要细腻丰富，对于背景空间上纵深感的刻画要从主观上进行强化（图3-50～图3-53）。

图3-47　水粉底色画法

图3-48　水粉写实表现　天津美术学院工业设计系王静颐

图3-49　水粉静物写生　主峰

图3-50　水粉精细画法　天津美术学院工业设计系学生作品

图3-51 水粉精细画法 天津美术学院工业设计系学生作品

图3-52 水粉归纳精细画法 天津美术学院工业设计系学生作品

图3-53 水粉效果图表现

水粉退晕的表现主要有以下几种方法：

1.直接法或连续着色法

这种退晕方法多用于面积不大的渲染，可直接将颜料调好，强调用笔触点，而不是任颜色流下。大面积的水粉渲染则用小板刷，往复地刷，一边刷一边加色使之出现退晕。注意必须保持纸的湿润。

2.仿照水墨水彩"洗"的渲染方法

调好的水粉颜料虽比水墨、水彩颜料浓稠，但是只要将画板坡度形成一定的角度也可以使颜料缓缓地倾斜淌下。因此，可以借用"洗"的方法渲染大面积的退晕。

3.点彩渲染法

这种方法是用较小的画笔通过点画组成画面，绘制时间较长，需耐心细致地用不同的水粉颜料分层次先后点成。所表现的对象色彩丰富，光感强烈。

水粉画效果图步骤示范如图3-54～图3-58所示。

步骤一：是主色调的快速表现，并对汽车造型结构进行精细勾勒。

步骤二：是利用底色描绘出汽车的明暗效果。

步骤三：通过色彩对汽车部件进行区分，同时对汽车结构体积做初步的填充与表现。

步骤四：进行汽车材质及质感的精心刻画。

步骤五：整体调整，对局部细节刻画，画出物体投影。

水粉表现技法是一种传统、方便的训练手法，在熟练的基础之上可以更好地学习其他类型的表现手法。

本单元作业与要求：

A3图纸完成2幅水粉效果图表现作品。练习快速画法，注重水彩的大笔触表现和水粉的深入刻画。用水彩和水粉相结合的方法完成产品快速表现的练习，用水彩技法的快捷、概括、一气呵成的特点表现整体的色彩关系、明暗关系，增加画面的总体效果。用水粉技法的覆盖力强、绘画技法便于掌握的特点进行细节的深入刻画。

图3-54 步骤一 水粉产品效果图绘制过程 天津美术学院工业设计系学生作品

图3-55 步骤二 水粉产品效果图绘制过程 天津美术学院工业设计系学生作品

图3-56 步骤三 水粉产品效果图绘制过程 天津美术学院工业设计系
学生作品

图3-57 步骤四 水粉产品效果图绘制过程 天津美术学院工业设计系
学生作品

图3-58 步骤五 水粉产品效果图绘制过程 天津美术学院工业设计系学生作品

（四）水彩效果图表现

水彩表现技法的表现特点是渗透力强、覆盖力弱，所以叠加次数不宜过多，一般两遍，最多三遍。同时调和的颜色种类也不宜过多，以免色彩变脏、变灰。水彩常用技法主要有干画法和湿画法。

1.干画法

干画法是水彩的众多技法中最基本、最主要的方法之一，容易掌握。人们对干画法有一个理解的误区，以为就是少用水的意思。实际用法是以色块相加体现，即在前一遍色彩干透后再上后一遍色。干画法不会像湿画法那样出现很多水渍。

2.湿画法

湿画法能充分发挥水彩的性能，表现效果柔和润泽，很有感染力。

其基本要领是，在湿的状态下进行着色。用色需饱满到位，最好一气呵成，遍数不能过多。这种技法的掌握有一定的难度，需要多加练习后总结一定的经验（图3-59~图3-63）。

水彩画效果图步骤示范如图3-64~图3-67所示。

步骤一：先描出产品形体，然后从局部开始画起。

步骤二：根据水彩画法的程序和步骤，逐步刻画各个部位，注意不能进行反复修改，争取一步到位。

步骤三：深入刻画出细节以表现产品的质感。

步骤四：最后表现出产品的投影和背景，提出高光完成。

本单元小结：

掌握一定的水彩性能知识，运用其特点表现产品效果图。

本单元作业与要求：

A4图纸完成1幅水彩效果图表现作品。注意水彩的特性和水粉等材料的结合使用。

图3-59　色粉和水彩结合表现效果图

图3-60 水彩表现产品效果图 天津美术学院工业设计系学生作品

图3-61 水彩表现汽车效果图

图3-62　水彩表现汽车效果图　天津美术学院工业设计系学生作品

图3-63　水彩表现乐器效果图　天津美术学院工业设计系学生作品

图3-64　步骤一　水彩产品效果图绘制过程　天津美术学院工业设计系学生作品

图3-65　步骤二　水彩产品效果图绘制过程　天津美术学院工业设计系学生作品

图3-66　步骤三　水彩产品效果图绘制过程　天津美术学院工业设计系学生作品

图3-67　步骤四　水彩产品效果图绘制过程　天津美术学院工业设计系学生作品

（五）彩色铅笔效果图表现

彩色铅笔与普通铅笔相同，都有木质外壳，但彩色铅笔分油性、水性两种，具有丰富的颜色可供选择。

彩色铅笔使用方便，对初学者而言，比马克笔、油画棒更易把握整体效果。因为颜色可以进行一遍遍的叠加，便于修改，使方案得到逐步优化。在使用彩色铅笔时，有几个需要注意的问题：一是尽量运用"涂抹"的运笔方式，避免表现过于"浮躁"的线条，使画面感觉凌乱；二是避免画面上出现零散的细线，使画面缺乏秩序。

使用彩色铅笔时要注意线条和笔触的技巧，下笔要注意控制力度，不宜过重，以免在画面上形成过于生硬的笔画。铅笔芯的粗细和软硬度有多种变化，在需要快速表现的时候，宜选用软铅，因其所画的线条很松动，层次丰富，且能快速地表现调子。笔尖可以削成"鸭舌形"，这样即可避免生硬感。

作为铅笔的一种，彩色铅笔的表现特点十分明显。它可以像铅笔作画一样，画出自然、飘逸的风格。因其线条丰富而有规律，常用来表现较大的面，产生柔和的渐变效果。在表现的时候，应尽量体现彩铅的特点——细腻、色彩丰富、有层次、渐变柔和，以淡雅为宜。否则，画面容易花。

彩色铅笔之所以备受设计师的喜爱，主要因为它有方便、简单、易掌握的特点，运用范围广，效果好，是目前较为流行的绘画工具之一。尤其在快速表现中，用简单的几种颜色和轻松、洒脱的线条即可说明产品设计中的用色、氛围及材质。同时，由于彩色铅笔的色彩丰富，可表现多种颜色和线条，能增强画面的层次感和产品固有色。用彩色铅笔在表现一些特殊肌理，如木纹、织物、皮革等肌理时，均有独特的效果（图3-68～图3-73）。

具体应用彩色铅笔时应掌握如下几点：

（1）绘制时，可根据实际的情

图3-68　彩色铅笔画法效果图

图3-69　彩色铅笔绘制的汽车设计草图

图3-70　彩色铅笔画法效果图　天津美术学院工业设计系学生作品

图3-71　摩托车彩色铅笔画法效果图

图3-72 民族刀具彩色铅笔画法效果图

图3-73 彩色铅笔与马克笔结合画法效果

况，改变彩色铅笔的力度以便使它的色彩明度和纯度发生变化，产生一些渐变的效果，形成多层次的表现。

（2）彩色铅笔具有可覆盖性，在控制色调时，可用单色（冷色调一般用蓝色系，暖色调一般用黄色系）先大致罩一遍，然后逐层上色后细致刻画。

（3）选用的纸张也会影响画面的风格，在较粗糙的纸张上用彩色铅笔会有一种粗犷、豪爽的感觉，而用细滑的纸会产生一种细腻、柔和之美。

本单元小结：

学会用彩色铅笔表现产品的空间感和质感。采用临摹作品、归纳图片和实物写生的方法进行练习，掌握彩色铅笔的性能和特点。

本单元作业与要求：

A4图纸完成2幅作品，用彩色铅笔练习。注意质感的表现和笔触的细腻特征。

（六）马克笔效果图表现

马克笔有粗细、尖宽等不同形状的扁头，并且从材料上可以简单地分为油性马克笔和水性马克笔两种，宜选用表面较为光滑的纸张作

画。水性马克笔笔触相对较明显，而油性马克笔的笔触融合相对较好，可以提供一种快速、自由、富有表现力的表现方法。马克笔使用起来方便、快捷，着色程序也不像水彩、水粉那么复杂，是目前设计师在进行草图设计表现时较为常用的工具之一（图3-74）。

马克笔的色度有很多种，通常分为两大系列，既黑灰系列和彩色系列。初学者在日常草图绘制中最多、最常用的是灰色系列，用于快速表现明暗关系，来得最快最直接。当然也可以直接用彩色系列，但必须对色彩之间的关系有充分的把握，如明度、色相等。对于初学者，建议先用灰色系，因为它无须考虑色彩关系，只考虑明度关系，容易把握。

马克笔的笔头形状是众多设计师长期实践得来的。虽然各种笔头形状有宽有窄，有粗有细，但基本上都能保持以下几个型面：宽头部分有左右宽锋和底面平锋；尖头部分主要是尖锋。尖头部分的尖锋与宽头部分尖锋通常是用来勾画形态的外形线、组接件和分型线，同时可以利用这两种笔锋的组合来表现物体的转折和起伏关系，左右宽锋

和底面平锋比较适合处理大的平面和曲面效果，特别是在表现光亮面上其效果特别诱人。由于马克笔色彩的透明性和快干性，若采用快速用笔的手法，结合色粉和高光能给人产生形面光滑、顺畅的感受。

左右宽锋面和底面平锋在运用时，将笔锋的宽面平压在纸面上均匀用力，即可画出均匀透明的宽线，迅速排列可画出一整块的平面。若要画简便的效果可在需要的地方排线，动作要快，使笔触与笔触之间做到没有接痕（图3-75~图3-77）。

图3-74 马克笔

图3-75　马克笔底色画法

图3-76　马克笔底色画法

图3-77 马克笔效果图表现

马克笔的线条以直线为主，也可根据不同的表现对象灵活选择用笔的方法。在一幅画中，把握马克笔的排线规律性是掌握马克笔使用技巧的重要前提之一，例如：线条的等宽、垂直或者是倾斜，对于体现图画的整体效果十分有用，同时也能增加图面的整体性与秩序性。大面积的色块渲染大多通过一系列平行的线条来表现，结合钢笔线条的勾勒，就可以很好地塑造形体和表达构思了。弯曲的笔触可以用来表达植物的质感等。但是要注意，由于马克笔笔触较硬，单独使用不容易渲染出渐变的效果。因此，根据马克笔的自身特点也可以与其他工具配合使用，如彩色铅笔等，以弥补其本身的不足。用马克笔进行快速设计，其笔触具有规律性，色彩的基本知识可以预知，设计者可以根据自身需要掌握一些快速表现中常用的用笔方法，并按照一定的渲染程序，多加练习，熟练掌握，就能迅速提高渲染的效果与速度。

虽然说马克笔作画，画纸不限，但如果想将颜色看起来更艳丽，最好是画在马克笔专用纸PAD上。如果画面很大的话，也可以画在描图纸上。一般可以将底稿影印在PAD上，然后在影印稿上着色。这样一来，即使着色失败，只要再影印一张重画就可以了。

在底稿影印稿上着色，影印的墨线可能会晕开，使画面看起来脏脏的。为了避免产生这种情况，可以选择酒精系列的油性马克笔。

1. 马克笔单色练习的方法

刚接触马克笔时，可以先进行单色练习，因为它无须考虑色彩关系，只考虑明暗关系，比较容易把握。具体方法如下：

（1）先用冷灰色或暖灰色的马克笔将基本的明暗调子画出来。

（2）在运笔过程中，用笔的遍数不宜过多。在第一遍颜色干透之后，再进行第二遍上色，而且要准确、快速。否则色彩会渗出而形成混浊之状，从而没有了马克笔透明和干净的特点。

（3）笔触以排线为主，有规律地组织线条的方向和疏密，有利于形成统一的画面风格。可运用排笔、点笔、跳笔、晕化、留白等方法，灵活运用。

（4）马克笔不具有较强的覆盖性，浅色无法覆盖深色。所以，在表现过程中，应该先上浅色而后覆盖较深重的颜色。并且要注意色彩之间的相互协调，忌用过于鲜亮的颜色，应以中性色调为宜。

（5）单纯地运用马克笔，难免会留下不足。所以，可以与彩色铅笔、水彩等工具结合使用。有时用酒精做再次调和，画面上会出现神奇的效果。

2.马克笔练习的几点注意事项

（1）尖锐角面的处理。在用马克笔画的时候切忌将面画得过"死"，要学会留白，用笔触的交错画出透明而生动的面来，灵活运用马克笔笔尖的各个形面进行表现。

（2）有R角面的处理。首先明确光线的来源，然后用较淡的马克笔在R的半弧偏一点的位置旋转落笔，其手法要直接肯定，手感要稳健，下笔要准确、肯定。

（3）弧曲面的处理。同样要考虑光线的来源，而后根据曲率和明暗的变化特征及转折关系，用简练、准确的手法先将暗面迅速地画出。图3-80~图3-83中的这种简捷、灵活的用笔将对象表现得非常到位，再用叠加的笔法表现物体的厚重感。关键是用笔的次序要掌握好，先轻后重的处理方法可以使笔触与笔触之间相互配合（图3-78~图3-88）。

图3-78　马克笔汽车设计效果图

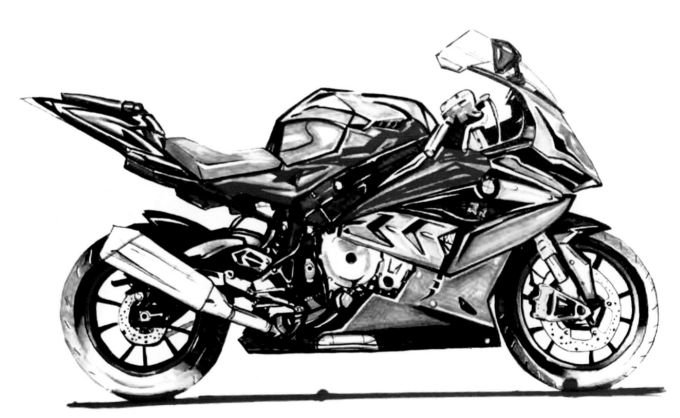

图3-79　马克笔摩托车设计效果图

图3-80　马克笔汽车设计效果图

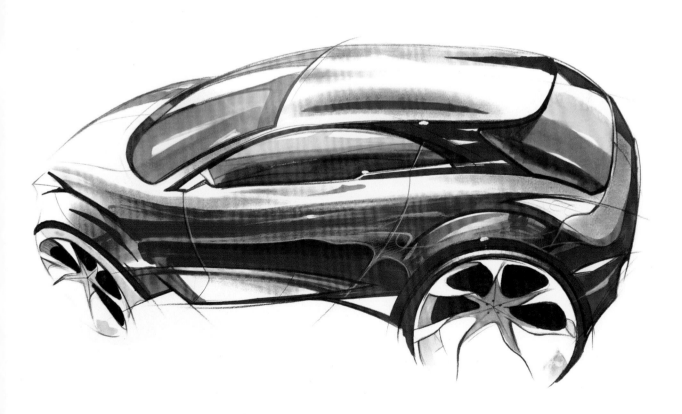

图3-81　马克笔汽车设计效果图

图3-82　马克笔汽车设计效果图

图3-83　马克笔汽车设计效果图

图3-84 马克笔吸尘器设计效果图 王静颐

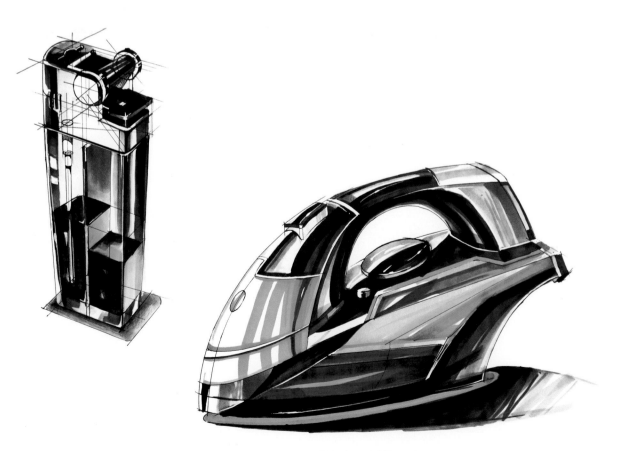

图3-85 马克笔设计效果图 天津美术学院工业设计系学生孙琬莹

079

图3-86　马克笔汽车设计效果图　天津美术学院工业设计系学生孙琬莹

马克笔画法步骤示范如图3-89~图3-93。

步骤一：绘制产品草图结构。

步骤二：处理产品色调及明暗关系。

步骤三：塑造与表现产品细节及产品质感。

步骤四：整体调整画面，加强结构细节的深入刻画。

步骤五：最后调整整体画面，注意加强产品的空间感，以及对产品质感更加细腻的刻画。

图3-87　马克笔设计效果图　天津美术学院工业设计系学生孙琬莹

图3-88　马克笔和彩色铅笔结合表现的设计效果图　天津美术学院工业设计系学生张一然

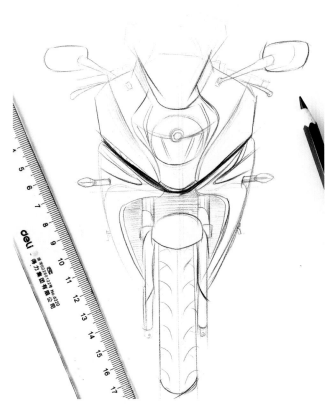

图3-89 步骤一 马克笔产品效果图绘制过程

图3-90 步骤二 马克笔产品效果图绘制过程

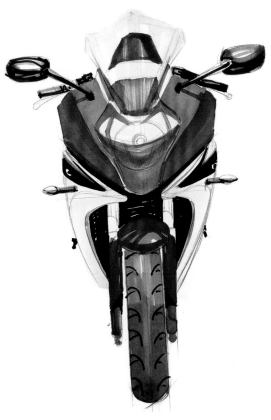

图3-91 步骤三 马克笔产品效果图绘制过程

图3-92 步骤四 马克笔产品效果图绘制过程

图3-93 步骤五 马克笔产品效果图绘制过程

本单元小结:

通过训练,掌握用单色马克笔表现产品的明暗关系,强调空间感和素描关系。

采用临摹作品、归纳图片和实物写生的方法进行练习,逐渐掌握马克笔的性能和特点。

本单元作业与要求:

1. A4图纸完成10幅马克笔单色练习,注意笔触的练习和光影的归纳。

2. A3图纸完成4幅马克笔多色练习,注意笔触在大画面中的处理和协调性的把握。

(七)喷绘效果图表现

喷绘技法能获得极为精致、逼真的效果,能体现极其细微的变化,有极强的表现力。但喷绘技法在绘制中有一定的难度。首先要具备气泵、喷枪等设备,其次还要刻制遮挡用模板,并熟练掌握喷笔及工具的使用方法。喷绘技法在各类效果图中均有采用,颜料主要为水彩和水粉(图3-94~图3-96)。

本单元小结:

了解不同的技法效果图表现的特点,并能结合自己所长,慢慢找到一种自己熟悉和善于表现的技法,为在将来的设计中打下良好的基础。

图3-94 对讲机喷绘画法效果图

图3-95　汽车喷绘画法效果图　天津美术学院工业设计系学生作品

图3-96　喷绘画法效果图　天津美术学院工业设计系学生作品

四、效果图分类

随着设计的深入和完善，效果图需要更真实、详细、准确地呈现给受众，这时需要的效果图要全面表现出产品的形体、色彩、材料、质感特征，以及表面工艺处理和结构关系等。有时还要配上尺寸和相应的说明内容，以便让相关的受众获得必要的数据信息。

效果图根据类别和设计要求大致可分为方案效果图、展示效果图和三视效果图。

（一）方案效果图

这一阶段以启发、诱导设计，提供交流，研讨方案为目的。此时，一般设计尚未完全成熟，还处于有待进一步的推敲阶段。这时也往往需要画较多的图来进行比较、优选、综合。在色彩上也要基本准确地表达出构想产品的色彩关系（图3-97~图3-101）。

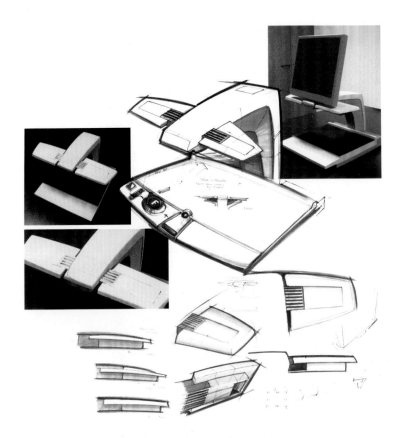

图3-97 电脑支撑架设计方案效果图（表现出产品的侧边形态和结构）

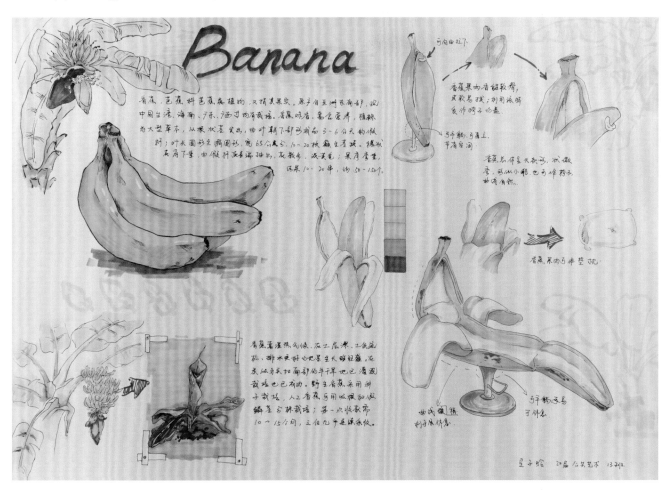

图3-98 仿生家具设计方案效果图表现

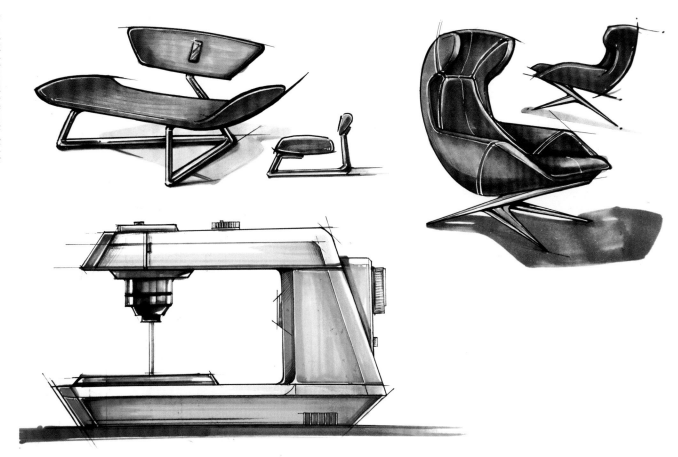

图3-99　家居用品方案设计效果图　天津美术学院工业设计系学生傅义涵

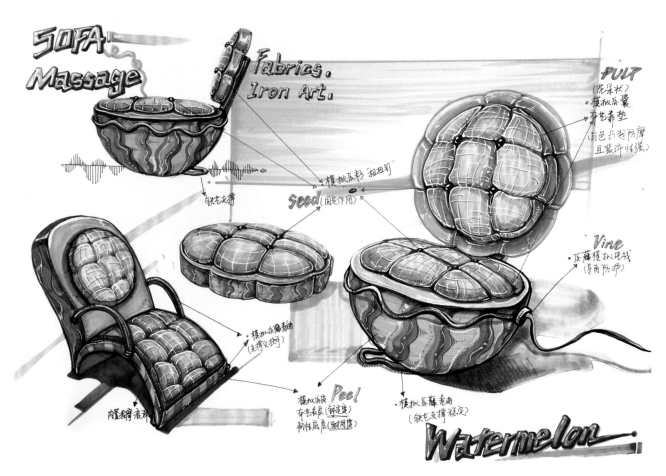

图3-100　电子座位设计效果图　天津美术学院工业设计系学生傅义涵

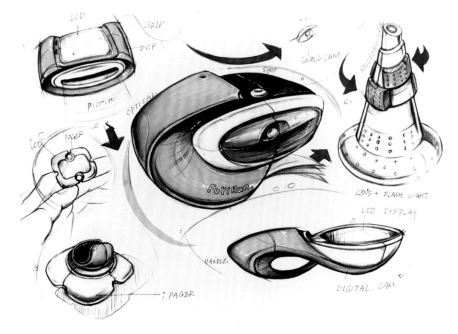

图3-101 照相机方案设计效果图 天津美术学院工业设计系学生傅义涵

（二）展示效果图

这类效果图表现的设计已较为成熟、完善。作图的目的大多在于提供决策者审定，在实施生产时作为依据，同时也可用于新产品的宣传、介绍、推广。这类效果图对表现技巧要求更高。对设计的内容要做较为全面、细致的表现，有时还需要描绘出特定的环境，以加强真实感和表达力。计算机辅助设计（CAD）系统正逐渐成为设计过程中的重要角色。随着计算机技术的发展和软件功能的不断强大，展示性效果图也由传统的手绘方式转变为由计算机辅助完成（图3-102～图3-108）。

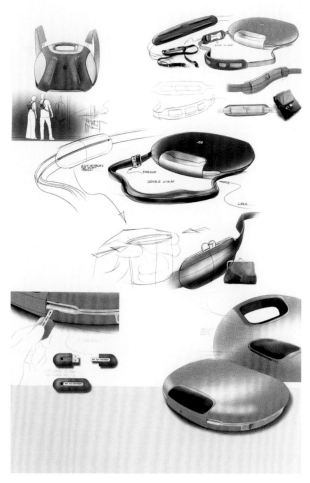

图3-102 智能背包展示效果图

图3-103 产品展示效果图

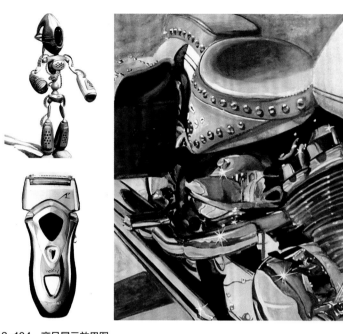

图3-104　产品展示效果图

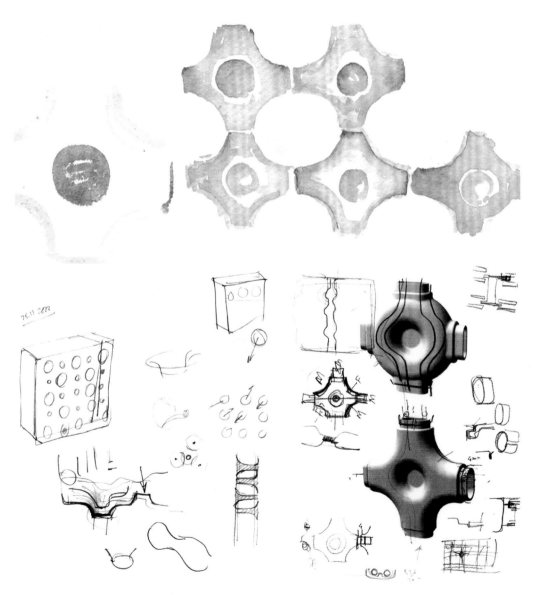

图3-105　产品零件设计展示效果图　FORD公司设计

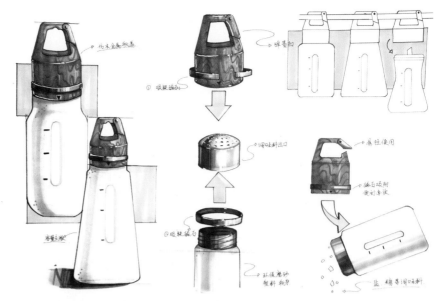

图3-106 便携水杯设计方案效果图

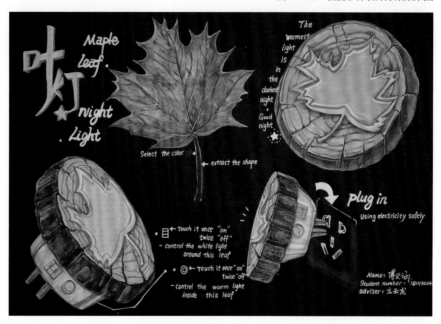

图3-107 灯具设计展示效果图 （展示了设计的思维过程和最终的产品实际效果）
天津美术学院工业设计系学生傅义涵

图3-108 水下无人机设计展示效果图 天津美术学院工业设计系学生作品

（三）三视效果图

三视效果图是直接利用三视图来制作的。特点是作图较为简便，不需另作透视图，对立面的视觉效果反映最直接，尺寸、比例没有任何透视误差、变形。缺点是表现面较窄，难以显示产品的立体感和空间视觉形态（图3-109、图3-110）。

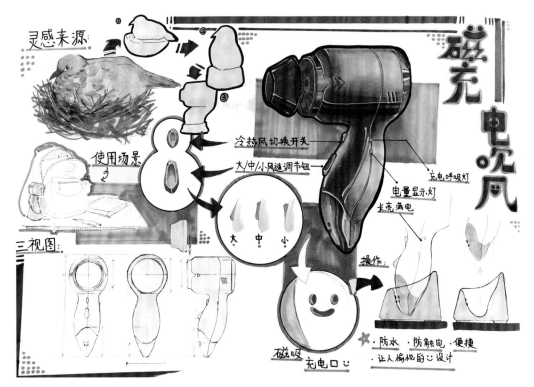

图3-109　电吹风设计三视效果图

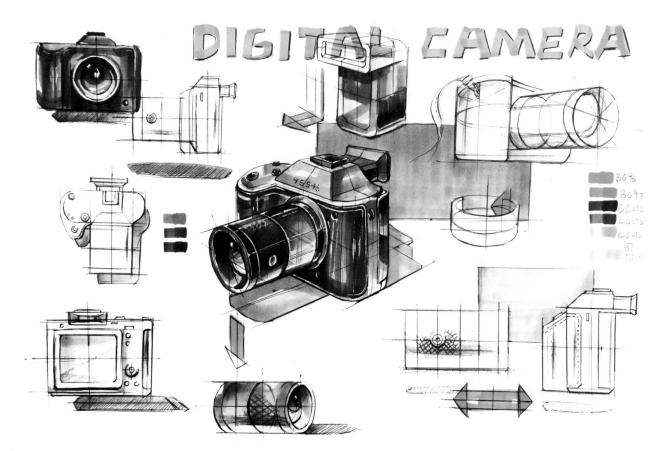

图3-110　照相机设计三视效果图

（四）轴测图

轴测图不仅展示的是产品的外形，还展示了产品的内部结构和组件，特别对于工程人员而言具有更多的判断信息（图3-111～图3-116）。

本单元小结：

设计的表现手法多种多样，运用要学会融会贯通。最大可能地真实、美观地表现自己的设计方案是学习表现技法的本质。

本单元作业与要求：

绘制精细效果图1幅，展示效果图和三视效果图各1幅。

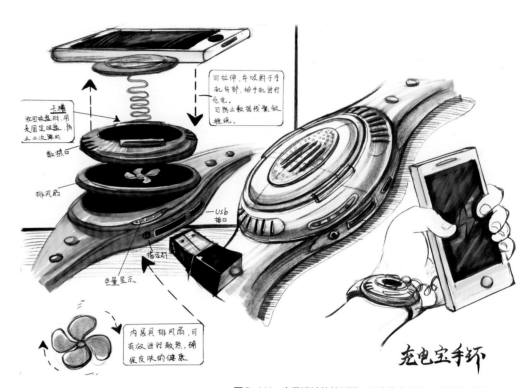

图3-111　产品设计的轴测图　天津美术学院工业设计系学生刘绮晗

图3-112　产品设计的轴测图　天津美术学院工业设计系学生孙琬莹

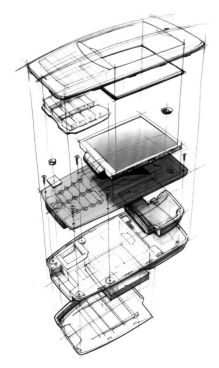

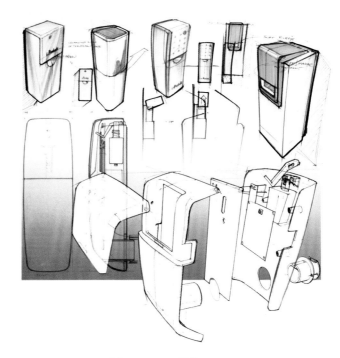

图3-113　产品分解图　Bernno设计　　　　　图3-114　电子产品设计效果图　Delft设计

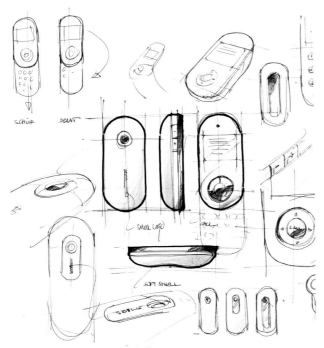

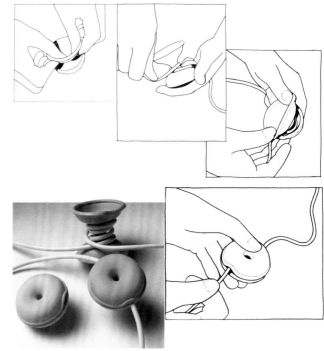

图3-115　手机设计草图　　　　　　　　　　　图3-116　家居用品设计效果图

本章要点：

技法和形式是用来表述的方式，产品效果图要有合理、感人的内容去打动观众，掌握基本的表现技法是将来从事设计职业的基石。

本章作业与要求：

按每讲的要求完成作业，抽出一整段的时间将完成的作业按课程的顺序排列，比较所取得的进步，找出不足，并能结合自己对于各讲的掌握程度的强弱，采取有针对性的强化训练。

第四章 产品设计效果图作品欣赏

一、设计素描表现（图4-1~图4-6）

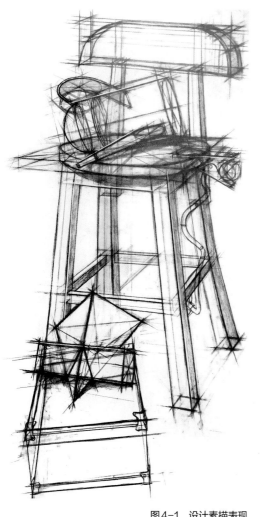

图4-1 设计素描表现

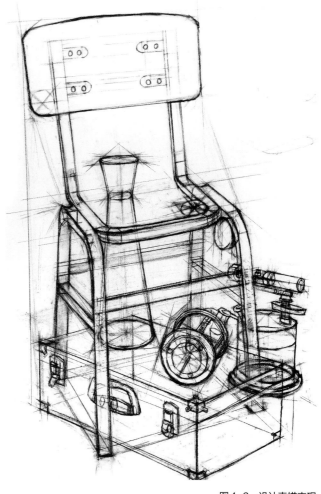

图4-2 设计素描表现

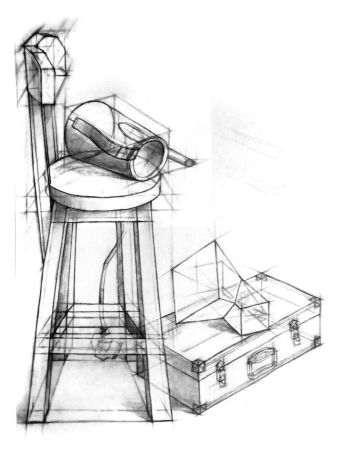

图4-3　设计素描表现

图4-4　设计素描表现

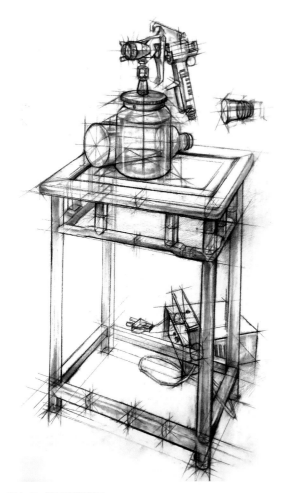

图4-5　设计素描表现

图4-6　设计素描表现

图4-7 黑白单色表现

图4-8 黑白单色表现

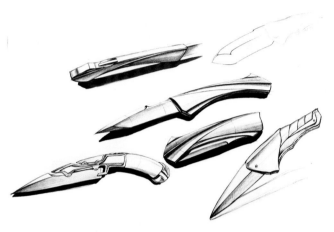

图4-9 黑白单色表现

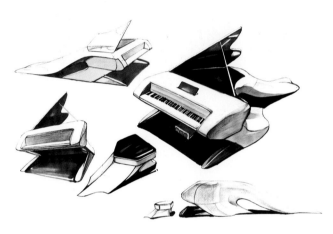

图4-10 黑白单色表现

图4-11 黑白单色表现

图4-12 黑白单色表现

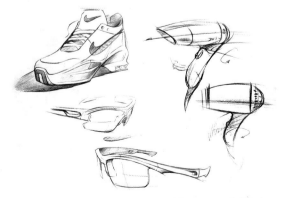

图4-13 黑白单色表现

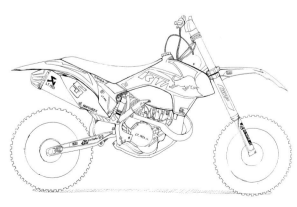

图4-14 黑白单色表现

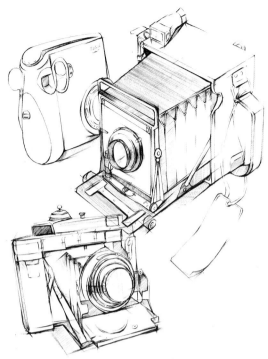

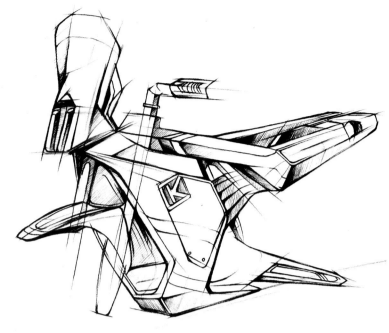

图4-15 黑白单色表现

图4-16 黑白单色表现

图4-17 黑白单色表现

图4-18　彩色铅笔表现

图4-19　彩色铅笔表现

图4-20　彩色铅笔表现

图4-21　彩色铅笔表现

图4-22　彩色铅笔表现

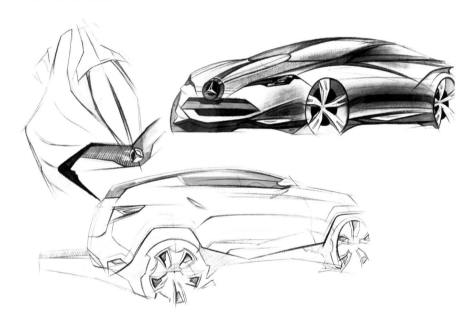

图4-23　彩色铅笔表现

图4-24　彩色铅笔表现

图4-25 彩色铅笔表现

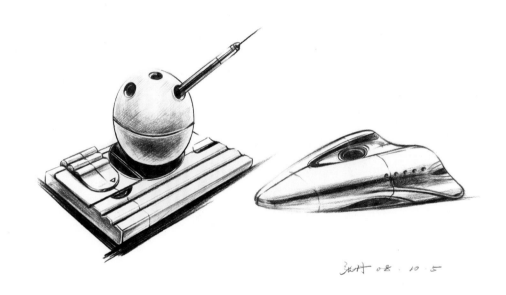

图4-26 彩色铅笔表现

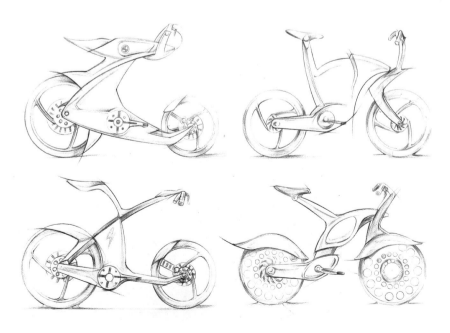

图4-27 彩色铅笔表现

图4-28　彩色铅笔表现

图4-29　彩色铅笔表现

图4-30　彩色铅笔表现

图4-31　彩色铅笔表现

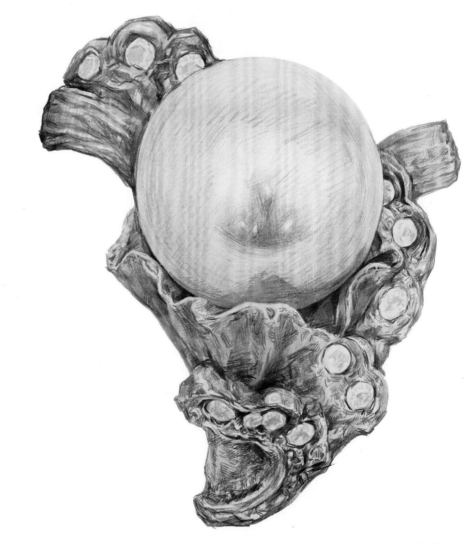

图4-32　彩色铅笔表现

四、马克笔表现（图4-33~图4-53）

图4-33　马克笔表现

图4-34　马克笔表现

图4-35　马克笔表现

图4-36 马克笔表现

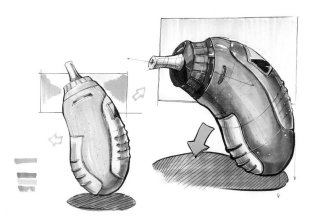

图4-37 马克笔表现

图4-38 马克笔表现

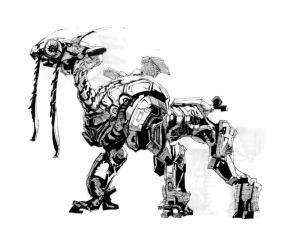

图4-39 马克笔表现

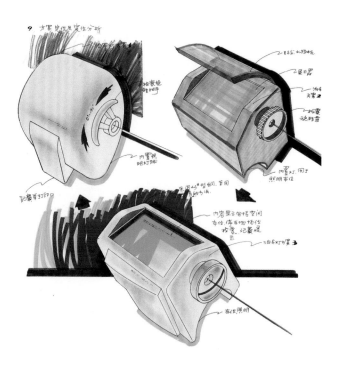

图4-40 马克笔表现

图4-41 马克笔表现

图4-42 马克笔表现

图4-43 马克笔表现

图4-44 马克笔表现

图4-45 马克笔表现

图4-46 马克笔表现

图4-47 马克笔表现

图4-48 马克笔表现

图4-49 马克笔表现

图4-50 马克笔表现

图4-51 马克笔表现

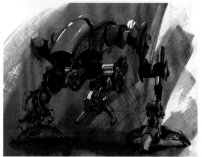

图4-52 马克笔表现

图4-53 马克笔表现

五、水彩水粉表现（图4-54~图4-103）

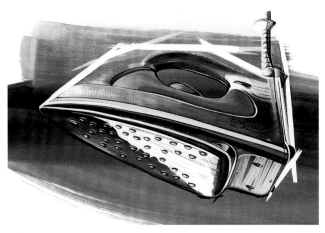

图4-54 水彩水粉表现

图4-55 水彩水粉表现

图4-56 水彩水粉表现

图4-57 水彩水粉表现

图4-58　水彩水粉表现

图4-59　水彩水粉表现

图4-60　水彩水粉表现

图4-61　水彩水粉表现

图4-62　水彩水粉表现

图4-63　水彩水粉表现

图4-64　水彩水粉表现

图4-65　水彩水粉表现

图4-66　水彩水粉表现

图4-67　水彩水粉表现

图4-68　水彩水粉表现

图4-69　水彩水粉表现

图4-70　水彩水粉表现

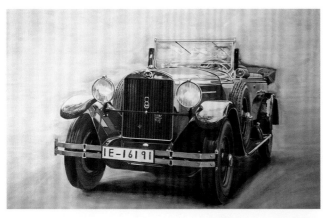

图4-71　水彩水粉表现

图4-72　水彩水粉表现

图4-73　水彩水粉表现

图4-74　水彩水粉表现

图4-75　水彩水粉表现

图4-76　水彩水粉表现

图4-77　水彩水粉表现

图4-78　水彩水粉表现

图4-79　水彩水粉表现

图4-80　水彩水粉表现

图4-81 水彩水粉表现

图4-82 水彩水粉表现

图4-83 水彩水粉表现

图4-84 水彩水粉表现

图4-85 水彩水粉表现

图4-86 水彩水粉表现

图4-87 水彩水粉表现

图4-88 水彩水粉表现

图4-89　水彩水粉表现

图4-90　水彩水粉表现

图4-91　水彩水粉表现

图4-92　水彩水粉表现

图4-93　水彩水粉表现

图4-94　水彩水粉表现

图4-95　水彩水粉表现

图4-96　水彩水粉表现

图4-97　水彩水粉表现

图4-98　水彩水粉表现

图4-99　水彩水粉表现

图4-100　水彩水粉表现

图4-101　水彩水粉表现

图4-102　水彩水粉表现

图4-103　水彩水粉表现

六、喷绘精细表现（图4-104～图4-107）

图4-104　喷绘精细表现

图4-105　喷绘精细表现

图4-106　喷绘精细表现

图4-107　喷绘精细表现

图4-108 色粉表现

图4-109 色粉表现

图4-110 色粉表现

图4-111 色粉表现

图4-112 色粉表现

图4-113 色粉表现

图4-114 色粉表现

图4-115 色粉表现

图4-116　色粉表现

八、创意表达（图4-117～图4-139）

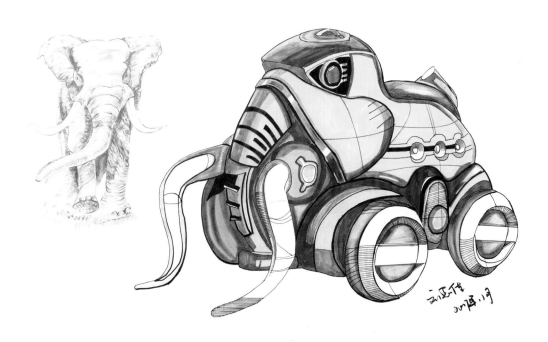

图4-117　创意表达

图4-118　创意表达

图4-119　创意表达

图4-120 创意表达

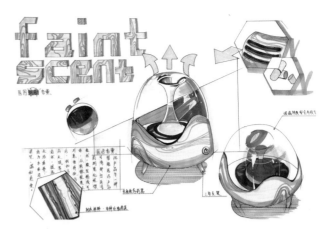

图4-121 创意表达

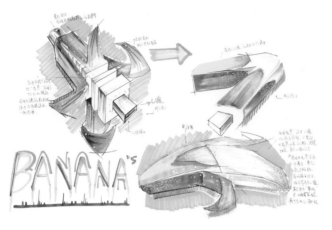

图4-122 创意表达

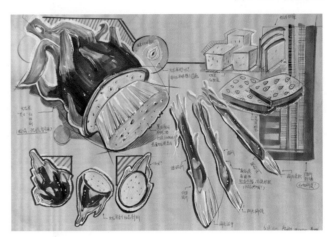

图4-123 创意表达

图4-124 创意表达

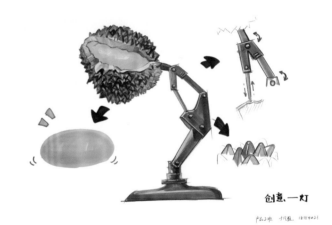

图4-125 创意表达

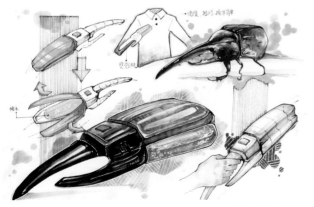

图4-126 创意表达

图4-127 创意表达

图4-128　创意表达

图4-129　创意表达

图4-130　创意表达

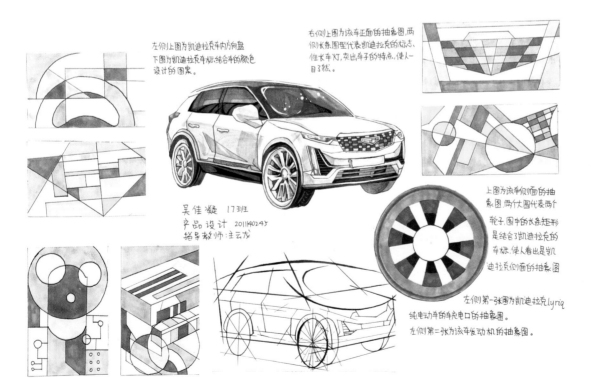

图4-131　创意表达

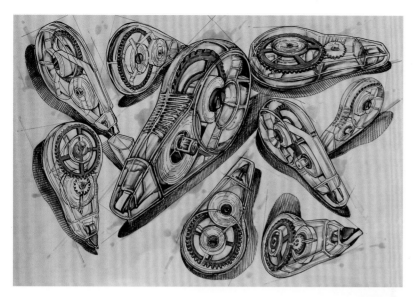

图4-132 创意表达

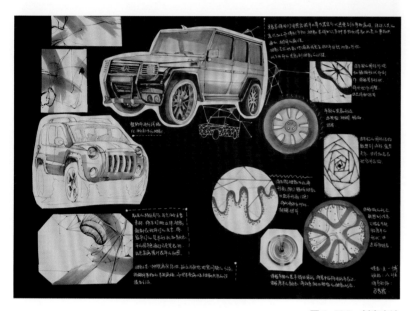

图4-133 创意表达

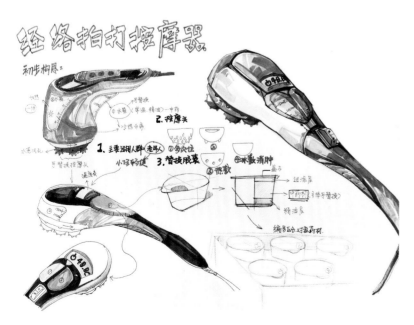

图4-134 创意表达

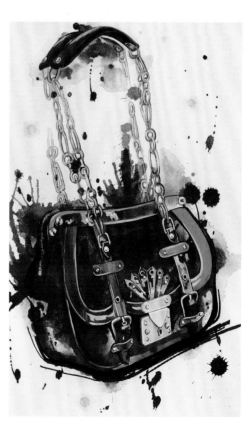

图4-135 创意表达

图4-136 创意表达

图4-137 创意表达

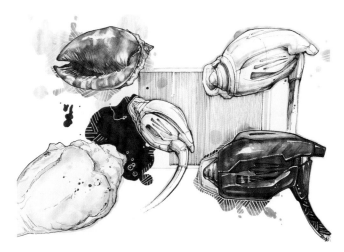

图4-138 创意表达

图4-139 创意表达

参考文献

[1] 刘振生. 设计表达 [M]. 北京:清华大学出版社,2005.

[2] 柳冠中. 工业设计学概论 [M]. 哈尔滨:黑龙江科技出版社,1997.

[3] 龙溪. 世界前卫家具 [M]. 沈阳:辽宁科技技术出版社,2006.

[4] 严扬. 汽车造型设计概论 [M]. 北京:清华大学出版社,2005.

后记

　　手绘草图表现是学习产品设计的基础，也是进行产品设计创意过程的载体，它能在瞬间展现出设计师的艺术修养、绘画功底以及独特的思维。手绘草图表现所具有的直观、快捷、真实、艺术等特性，使其在设计表达上享有独特的地位和价值，还有助于提高设计师的想象能力和整体协调感。只有通过手绘方式的设计造型的严格训练，才能全面提高设计者脑、眼、手的灵活创造力，真正为设计的创造性本质奠定扎实的造型基础和良好的艺术修养。

　　作为工业设计专业的基础课程，设计草图及效果图表现，熟练、快速并真实的渲染手法是设计师用来阐明个人设计理念，进一步体现空间美感的"基础中的基础"。本书重点介绍的是设计草图及效果图表现，适用于高等院校产品设计专业的课堂教学，也可供从事产品设计的设计师借鉴参考。

　　现阶段随着电脑技术的不断发展，电脑软件在设计中的普及越来越广泛，但不管科技如何进步，产品设计的过程也离不开草图表现这一关键性的步骤。草图表现是设计成功与否的关键要素，而草图以其优越的写实性、快速性、美观性、说明性等诸多优点，在产品设计的思考过程中起着十分重要的作用。如何把本教材编好，在笔者面前确实是一个很大的难题。

　　为此，笔者查阅了大量的资料，并得到许多老师和同学的大力帮助，在此深表感谢。感谢为本书整理资料的天津美术学院产品设计学院研究生董亚春、王亦凡等同学，以及为本书提供图片的天津美术学院产品设计学院产品设计系18级石张胤、沈朱涛、蔡易峰、余钱凯兴、孙宇、郭伟、李春雨、孙婉莹、于凡雅、李琳、张一然、傅义涵、黄利亚、李楠、龚江薇、刘绮晗、李宜璇、王靖颐，19级阮晓柔、陈晓怡、谭宇欣、向静芳、李峰百、黄嘉琪等同学。

　　本书采用了部分设计师的手绘作品，由于条件所限无法及时与其取得联系，在此一并表示感谢。

2020年10月于天津美术学院